All About

SAUCES

NCS(National Competency Standards)

Lee Jongpil
Cho Sunghyun
Lee Jiwoong

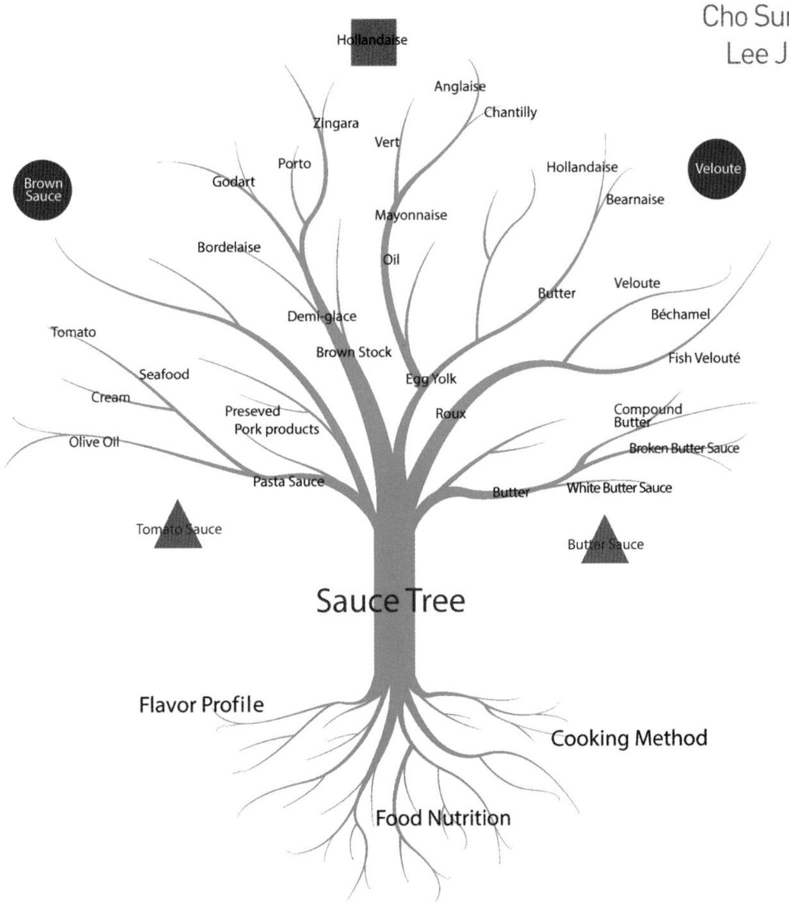

Hollandaise
Anglaise
Chantilly
Zingara
Vert
Porto
Godart
Brown Sauce
Hollandaise
Veloute
Bearnaise
Mayonnaise
Bordelaise
Oil
Butter
Veloute
Béchamel
Demi-glace
Tomato
Brown Stock
Fish Velouté
Seafood
Egg Yolk
Cream
Preseved
Pork products
Roux
Compound
Butter
Olive Oil
Broken Butter Sauce
Pasta Sauce
Butter
White Butter Sauce
Tomato Sauce
Butter Sauce
Sauce Tree
Flavor Profile
Cooking Method
Food Nutrition

BAEKSAN Publishing Co.

PREFACE

서양 소스에 대하여 쉽게 가르치고 쉽게 이해시킬 수 없을까? 하고 시작한 작은 생각의 끈이 "All About SAUCES"라는 책으로 마무리되어 무척 기쁘다.

이 책을 통해서 서양 조리를 공부하는 조리과 학생들, 현직에 근무하는 조리사들이 소스의 기본 개념과 원리를 마음속에 지도로 그려볼 수 있고 이를 통해 소스를 자유롭게 응용했으면 하는 바람이다.

본 저자들은 이 책을 저술할 때 2가지 목표를 달성하고자 하였다.

첫째, '누구나 이해하기 쉽게, 쉽게 이해시킬 수 있는 책'을 저술하고자 하였다.

둘째, 조리사들에게 연구개발의 체계를 세워주고 창의적인 아이디어를 끄집어 낼 수 있는 메뉴 개발용 소스 책이 되고자 했다.

소스를 주재료에 의한 분류나 색에 의한 분류로 고정시키지 않고 조리사들이 좀더 생각을 확장하고 파생소스마다 맛의 미세한 차이를 느낄 수 있고 이를 통해 마음속에 맛을 그리며 연구 개발할 수 있는 책이 되고자 했다.

이 책은 크게 NCS, 이론부분, 실습부분 3개의 PART로 구성하였다.

PART 1 양식 NCS(국가직무능력표준)에서 스톡과 소스만 따로 학습할 수 있도록 내용을 구성하였다. 주차별 학습내용에 따라 스스로 스톡과 소스를 학습할 수 있다.

PART 2 이론에서는 소스의 체계를 물이 산에서 계곡으로 다시 바다로 흘러가는 것처럼 정리하고자 하였다.

벨루테 소스를 예로 들면『첨가재료 → 소스이름 → 첨가재료 → 소스이름 → 첨가재료 → 소스이름』으로 첨가재료가 이렇게 들어가면 이런 소스가 된다는 형식으로 구성하여 모체소스와 파생소스를 마음에 지도를 이미지화하였다. 이는 기존의 소스 체계에서 사람이 생각하는 흐름으로 재정리하여 쉽게 이해할 수 있게 하였다. 그리고 이해한 것을 다른 조리사에게 자연스럽게 설명이 가능하도록 하였다.

PART 3 실습에서는 과정 사진을 넣어 제조과정을 쉽게 따라 할 수 있게 했다.

이미지를 보고 뇌에 그림을 그리듯이 영상으로 저장한 후 이미지 순서대로 소스를 만들 수 있도록 하여 소스 만드는 것을 쉽게 했다.

이 책을 100% 활용하는 방법은 소스 체계를 물 흐르듯이 이해한 후 개별소스에 대하여 제조방법을 따라 해 보는 것이다.

마지막으로, 이 책이 나오도록 많은 도움을 주신 분들께 감사드립니다. 먼저 경희대학교 석사, 박사과정에서 소스에 대하여 많은 가르침을 주신 최수근 교수님께 감사드립니다. 소스에 대하여 많은 지도와 가르침을 주셨고 소스분야에 대한 많은 연구성과를 보여주심으로써 이번 "All About SAUCES"를 만들 수 있는 토대를 만들어 주셨습니다. 또한 주방 도구를 지원해 주신 ㈜대경 이윤호 대표님, JW메리어트호텔 김세환 조리장, 부천대학교 호텔외식조리과 유현자님과 강병민, 김동훈, 김유나, 박유리, 정다인, 최기석에게 감사의 말을 전합니다. 끝으로 이 책을 출판할 수 있도록 해주신 백산출판사 진욱상 대표님께 머리 숙여 감사드립니다.

저자 일동

CONTENTS

1 PART NCS편

1. 목 차 14
2. 국가직무능력표준 NCS, national competency standards 15
3. 양식 스톡, 소스조리 교과목 정보 16
4. 스톡, 소스조리 학습 전개 계획 18
5. 학습 자원 22
6. 평가기준 23
7. 직업기초능력 24
8. 주차별 학습 내용 및 관련 능력단위 26
9. 학습 내용에 대한 체크리스트 28

2 PART 이론편

Chapter 1. 스톡 STOCK

1. 스톡 Stock 34
2. 스톡의 정의 35
3. 스톡의 종류 36
4. 스톡을 이용한 소스 제조 38
5. 스톡의 제조과정 41
6. 스톡 생산에 필요한 재료 및 기물 42
7. 스톡의 4가지 평가 기준 43
8. 스톡의 기본 구성요소 43

Chapter 2. 소스 SAUCE

1. 소스 Sauce 45
2. 소스의 평가 기준 46
3. 유럽 소스의 역사 47
4. 소스가 발생된 시기 The Sauce Timeline 50
5. 소스의 기본 구성 53
6. 양식의 소스 분류 55
7. 소스 종류 60

3
PART
실기편

Chapter 1. Stock, Glace, Roux 스톡, 글라스, 루

01. Beef Stock _ 소고기 육수 *122*
02. Chicken Stock _ 닭고기 육수 *124*
03. Fish Stock _ 생선 육수 *126*
04. Court Bouillon _ 쿠르브이용 *128*
05. Meat Bouillon _ 브이용 *130*
06. Brown Stock _ 브라운 스톡 *132*
07. Glace de Viande _ 글라스 드 비앙드 *134*
08. Roux _ 루 *136*

Chapter 2. Brown Sauces 브라운 소스

09. Espagnole Sauce _ 에스파뇰 소스 *140*
10. Demi-Glace Sauce _ 데미글라스 소스 *142*
11. Madere Sauce _ 마디라 소스 *144*
12. Black Pepper Sauce _ 블랙페퍼 소스 *146*
13. Chasseur Sauce(Mushroom Sauce for Chicken) _ 양송이 소스 *148*
14. Bigarade Sauce _ 비가라드 소스 *150*
15. Beaujolaise Wine Sauce _ 보졸레 와인 소스 *152*

Chapter 3. White Sauces 화이트 소스

Veloute

16. Ravigote Sauce(Shallot and Herb Sauce) _ 라비고트 소스 *156*
17. Aurora Sauce(Tomato Flavor Veloute) _ 오로르 소스/오로라 소스 *158*

Veal Veloute

18. Allemande Sauce(Literally German Sauce) _ 독일식 소스 *160*

Allemande

19. Champignon Sauce _ 양송이 소스 *162*

Chicken Veloute

20. Chicken Veloute _ 치킨 벨루테 *164*

Supréme

21. Supream Sauce _ 슈프림 소스 *166*
22. Albufera Sauce(Red Pepper Sauce) _ 알뷔페하 소스/알부페라 소스 *168*

Bechamel

23. Bechamel Sauce _ 베샤멜 소스 *170*
24. Mornay Sauce _ 모르네이 소스 *172*
25. Chantilly Sauce _ 찬틸리 소스 *174*
26. Nantua Sauce _ 낭투아 소스/갑각류 소스 *176*
27. Soubise Sauce Ⅱ _ 수비즈 Ⅱ 소스 *178*
28. Cardinal Sauce _ 카흐디날 소스 *180*

Chapter 4. Fish Sauces 생선 소스

29. Fish Veloute _ 생선 벨루테 *184*
30. White Wine Sauce _ 백포도주 소스 *186*
31. American Sauce _ 아메리칸 소스 *188*
32. Normandy Sauce _ 노르망드 소스 *190*
33. Saffron Sauce _ 샤프론 소스 *192*
34. Newbeurg Sauce _ 뉴버그 소스 *194*

Chapter 5. Hot Emulsified Egg Yolk Sauces 따뜻한 달걀 노른자 소스

35. Hollandaise Sauce _ 홀랜다이즈 소스 *198*
36. Bearnaise Sauce _ 베어네이즈 소스 *200*
37. Choron Sauce _ 쇼롱 소스 *202*
38. Maltaise Sauce _ 말테즈 소스 *204*

Chapter 6. Butter Sauces 버터 소스

39. Butter Sauce _ 버터 소스 *208*
40. Beurre Rouge Sauce(Red Wine-Butter) _ 뵈르 루즈 소스 *210*
41. Beurre Noisette(Brown Butter) _ 뵈르 누아제트 *212*

Chapter 7. Mayonnaise-Based Sauces 마요네즈 소스

42. Mayonnaise _ 마요네즈 *216*
43. Thousand Island Dressing _ 사우전드 아일랜드 드레싱 *218*
44. Tartar Sauce _ 타르타르 소스 *220*
45. Tyrolienne Sauce _ 티로리엔느 소스 *222*
46. Caesar Dressing _ 시저 드레싱 *224*
47. Remoulade(Caper & Herb Mayonnaise) _ 르물라드 *226*

Chapter 8. Vinegar & Oil Sauces 식초 & 오일 소스

48. French Dressing(Commercial American Dressing) _ 프렌치 드레싱 *230*
49. Italian Dressing _ 이탤리언 드레싱/이탈리아 드레싱 *232*
50. Poemgranate Vinaigrette _ 석류 비네그레트 *234*
51. Balsamic Vinaigrette _ 발사믹 비네그레트 *236*
52. Rocket Pesto _ 로켓 페스토 *238*
53. Basil Oil _ 바질 오일 *240*
54. Garlic Oil _ 마늘 오일 *242*

Chapter 9. Puree 퓌레

55. Carrot Puree _ 당근 퓌레 *246*
56. Avocado Puree _ 아보카도 퓌레 *248*
57. Olive Puree _ 올리브 퓌레 *250*
58. Green Pea Puree _ 완두콩 퓌레 *252*

Chapter 10. Pasta Sauces 파스타 소스

59. Tomato Sauce _ 토마토 소스 *256*
60. Boloneise Sauce(Meat Sauce) _ 볼로네이즈 소스 *258*
61. Carbonara Sauce _ 카르보나라 소스 *260*
62. Amatriciana Sauce _ 아마트리치아나 소스 *262*
63. Putanesca Sauce _ 푸타네스카 소스 *264*

Chapter 11. Condiments 곁들임 소스

64. Onion Relish _ 양파 렐리시 *268*
65. Tomato Salsa _ 토마토 살사 *270*
66. Apple Chutney _ 사과 처트니 *272*
67. Tepanade _ 테파나드 *274*
68. Jinseng Balsamic _ 인삼 발사믹 *276*

Chapter 12. Dessert Sauces 디저트 소스

69. Anglaise Sauce _ 앙글레즈 소스 *280*
70. Sabayon Sauce _ 사바용 소스 *282*
71. Vanilla Sauce _ 바닐라 소스 *284*
72. Melba Sauce _ 멜바 소스 *286*
73. Orange Sauce _ 오렌지 소스 *288*

Chapter 13. Creative Sauces 혁신적인 소스

Form

74. Milk Form _ 우유폼 *292*
75. Pomegranate Form _ 석류폼 *294*
76. Apple Form _ 사과폼 *296*

Espuma

77. Gorgonzola Espuma _ 고르곤졸라 에스푸마 *298*
78. Bacon Espuma _ 베이컨 에스푸마 *300*
79. Basil Espuma _ 바질 에스푸마 *302*
80. Vongole Espuma _ 봉골레 에스푸마 *304*

1
PART

NCS편

1. 목 차

- 양식 스톡, 소스조리 교과목 정보
- 스톡, 소스조리 학습 전개 계획
- 학습 자원
- 평가기준
- 직업기초능력
- 주차별 학습 내용 및 관련 능력단위
- 스톡직무수행능력 평가자 체크리스트
- 스톡직무수행능력 자가 진단 체크리스트
- 소스직무수행능력 평가자 체크리스트
- 소스직무수행능력 자가 진단 체크리스트

2. 국가직무능력표준 NCS, national competency standards

- 소분류 : 음식조리
- 세분류(직무) : 양식조리
- 능력단위 : 양식 스톡조리
  양식 소스조리

양식 NCS(국가직무능력표준)에 기반한 스톡조리는 직능 수준이 2이고 소스조리는 직능 수준 이 4에 해당한다. 이 학습 교재는 스톡과 소스에 대한 국가직무능력표준에 따라 능력단위별 수행준거에 따른 지식 · 기술 · 태도에 대하여 학습하도록 도움을 주고자 한다.

직능 수준 / 직능 유형	양식조리
5수준 /Master Chef	양식 어패류조리 양식 육류조리
4수준 / 1st Cook	**양식 소스조리** 양식 수프조리 양식 전채조리 양식 파스타조리
3수준 / 2nd Cook	양식 조리실무 양식 샐러드조리 양식 달걀조리
2수준 / Cook Helper	**양식 스톡조리**

3. 양식 스톡, 소스조리 교과목 정보

• 학습 개요

1. 직업기초능력인 의사소통능력, 기술능력, 문제해결능력 등을 갖춘다.
2. 육류, 어패류, 채소 등을 활용하여 조리에 사용되는 스톡을 조리할 수 있다.
3. 육류, 어패류, 채소류, 스톡 류 등을 활용하여 조리에 사용되는 소스를 조리할 수 있다.

• 학습 목표(수행 준거)

_양식 스톡조리

1. 스톡재료 준비하기 & 스톡 이해하기

1.1 조리에 필요한 부케가니Bouquet Garni를 준비할 수 있다.

1.2 스톡의 종류에 따라 미르포아Mirepoix를 준비할 수 있다.

1.3 육류, 어패류의 뼈를 찬물에 담가 핏물을 제거할 수 있다.

1.4 브라운스톡은 조리에 필요한 뼈와 부속물을 오븐에 구워서 준비할 수 있다.

2. 스톡 조리하기

2.1 찬물에 재료를 넣고 서서히 끓일 수 있다.

2.2 끓이는 과정에서 불순물이나 기름이 위로 떠오르면 걷어 낼 수 있다.

2.3 적절한 시간에 미르포아와 향신료를 첨가할 수 있다.

2.4 지정된 맛, 향, 농도, 색이 될 때까지 조리할 수 있다.

3. 스톡 완성하기

3.1 조리된 스톡을 불순물이 섞이지 않게 걸러낼 수 있다.

3.2 마무리 된 스톡의 색 · 맛 · 투명감 · 풍미 · 온도를 통해 스톡의 품질을 평가할 수 있다.

3.3 스톡을 사용용도에 맞추어 풍미와 질감을 갖도록 완성할 수 있다.

_양식 소스조리

1. 소스재료 준비하기 & 소스 이해하기

1.1 조리에 필요한 부케가니Bouquet Garni를 준비할 수 있다.

1.2 미르포아Mirepoix를 준비할 수 있다.

1.3 루Roux는 버터와 밀가루를 동량으로 사용하여 만들 수 있다.

1.4 소스에 필요한 스톡을 준비할 수 있다.

1.5 소스 조리에 필요한 주방도구Kitchen Utensil를 준비할 수 있다.

2. 소스 조리하기

2.1 미르포아Mirepoix를 볶은 다음 찬 스톡을 넣고 서서히 끓일 수 있다.

2.2 소스의 용도에 맞게 농후제를 사용할 수 있다.

2.3 소스를 끓이는 과정에서 불순물이나 기름이 위로 떠오르면 걷어낼 수 있다.

2.4 적절한 시간에 향신료를 첨가할 수 있다.

2.5 원하는 소스의 지정된 맛, 향, 농도, 색이 될 때까지 조리할 수 있다.

2.6 소스를 걸러내어 정제할 수 있다.

3. 소스 완성하기

3.1 소스의 품질이 떨어지지 않도록 적정 온도를 유지할 수 있다.

3.2 소스에 표막이 생성되는 것을 막도록 버터나 정제된 버터로 표면을 덮어 마무리 할 수 있다.

3.3 마무리 된 소스의 색깔과 맛, 투명감, 풍미, 온도를 통해 소스의 품질을 평가할 수 있다.

3.4 요구되는 양에 맞추어 소스를 제공할 수 있다.

4. 스톡, 소스조리 학습 전개 계획

1) 양식 스톡조리 1301010202_14v2

능력단위	학습(능력단위요소)	주	시수	학습내용
1301010202 _14v2 양식 스톡조리	1. 스톡재료 준비하기 (스톡 이해하기)	1	3	[지식, 기술, 태도부분 학습내용] ■ 지 식 • 스톡의 종류와 조리법 • 용도 별 칼, 도마 사용법 • 육류, 어패류의 주재료 특성과 용도 • 채소의 종류와 특성 ■ 기 술 • 냉장, 냉동고 관리 능력 • 메뉴의 특징에 맞는 재료 손질 능력 • 미르포아를 만들 수 있는 능력 • 부케가니를 만들 수 있는 능력 • 스토브 조작능력 • 오븐 조작능력 • 육류, 어패류 뼈, 부속물 손질 능력 ■ 태 도 • 반복훈련 • 안전사항 준수 • 위생사항 준수 • 인내력 • 정확성 • 조리기기 상태 관찰 • 준비 상태를 확인
	2. 스톡 조리하기	2 ~ 4	9	[지식, 기술, 태도부분 학습내용] ■ 지 식 • 스키밍(Skimming) 방법 • 스톡의 맛, 향, 농도, 색의 특징 • 스톡의 종류에 따른 조리법 • 주재료와 어울리는 채소 선택법 • 향신료 사용법 ■ 기 술 • 적정한 상태로 구울 수 있는 능력 • 가스레인지 사용과 화력 조작 능력 • 냉장, 냉동고 관리 능력 • 부케가니, 미르포아 투입 시점과 방법에 대한 능력 • 오븐 사용과 화력 조절 능력 • 용도에 맞는 조리방법 적용 능력 • 원하는 맛, 향, 농도, 색으로 만들 수 있는 능력 • 주재료에 따른 조리온도와 시간조절 능력

				■ 태 도 • 반복훈련 • 안전사항 준수 • 위생사항 준수 • 인내력 • 정확성 • 조리기기 상태 관찰 • 준비 상태 확인
	3. 스톡 완성하기			**[지식, 기술, 태도부분 학습내용]** ■ 지 식 • 스톡의 사용용도 • 종류에 따른 질감, 향미, 색채의 특징 ■ 기 술 • 냉장, 냉동고 관리 능력 • 원하는 온도로 보관 사용하는 능력 • 적정한 상태와 양으로 스톡을 걸러내는 정제 능력 • 질감, 향미, 색채와 조화를 고려한 제공 능력 ■ 태 도 • 반복훈련 • 안전사항 준수 • 위생사항 준수 • 인내력 • 정확성 • 조리기기 상태 관찰 • 준비 상태 확인

2) 양식 소스조리 1301010203_14v2

능력단위	학습(능력단위요소)	주	시수	학습내용
1301010203 _14v2 양식 소스조리	1. 소스재료 준비하기 (스톡 이해하기)	5 ~ 6	6	[지식, 기술, 태도부분 학습내용] ■ 지 식 • 소스의 종류와 조리법 • 용도 별 칼, 도마 사용법 • 육류, 어패류의 주재료 특성과 용도 • 채소의 종류와 특성 ■ 기 술 • 냉장, 냉동고 관리 능력 • 메뉴의 특징에 맞는 재료 손질 능력 • 미르포아를 만들 수 있는 능력 • 부케가니를 만들 수 있는 능력 • 스토브 조작능력 • 오븐 조작능력 • 육류, 어패류 뼈, 부속물 손질 능력 ■ 태 도 • 반복훈련 • 안전사항 준수 • 위생사항 준수 • 인내력 • 정확성 • 조리기기 상태 관찰 • 준비 상태를 확인
	2. 소스 조리하기	7 ~ 15	27	[지식, 기술, 태도부분 학습내용] ■ 지 식 • 농후제 • 소스 종류에 따른 스톡 활용법 • 소스 특성과 용도 • 채소 선택법 • 향신료의 선택법 ■ 기 술 • 냉장, 냉동고 관리 능력 • 부케가니 투입 시점과 방법에 대한 능력 • 소스 특성에 맞는 농후제 선택, 사용 능력 • 스토브 화력 조작과 시간조절 능력 • 원하는 소스의 맛, 향, 농도, 색으로 만들 수 있는 능력 • 적정한 상태로 볶는 능력 • 적정한 상태로 소스를 걸러내는 정제 능력

				■ 태 도 • 반복훈련 • 안전사항 준수 • 위생사항 준수 • 인내력 • 정확성 • 조리기기 상태 관찰 • 준비 상태 확인
	3. 소스 완성하기			**[지식, 기술, 태도부분 학습내용]** ■ 지 식 • 소스 종류에 따른 좋은 품질 선별법 • 소스를 용도에 맞게 제공하는 방법 • 소스 종류에 따른 질감, 향미, 색채의 특징 • 완성된 소스를 요리와 어울리게 담는 푸드 스타일방법 ■ 기 술 • 냉장, 냉동고 관리 능력 • 색, 맛, 투명감을 평가할 수 있는 능력 • 소스의 표면이 마르지 않게 보관하는 능력 • 적정한 상태로 소스를 걸러내는 정제 능력 • 질감, 향미, 색채, 온도의 조화를 고려한 제공 능력 ■ 태 도 • 반복훈련 • 안전사항 준수 • 위생사항 준수 • 인내력 • 정확성 • 조리기기 상태 관찰 • 준비 상태 확인

5. 학습 자원

시설(강의실)	조리 실험 실습실
기기 및 장비	• 오븐(Oven) • 소스냄비(Sauce Pot) • 국자(Ladle) • 가스레인지(Stove) • 믹싱볼(Mixing Bowl) • 온도계, 스푼, 체, 소창, 콜렌더, 주걱, 거품기, 염도계, 저장용기 • 위생복, 앞치마, 모자, 위생행주 등 • 조리 매뉴얼 및 매일매일 작성한 조리결과 체크리스트
소프트웨어	• 컴퓨터, LCD 모니터

6. 평가기준

평가유형		평가 방법	주요내용
과정평가	결과평가		
	√	작업 포트폴리오	• 학생 자신이 작성한 레시피나 만든 요리를 지속적 · 체계적으로 모아 둔 개인별 요리작품집 또는 레시피 서류철을 대상으로 하여 평가
√		문제해결 시나리오	• 교육목표를 '문제해결능력의 획득'에 두고 학생이 주체가 되어 문제해결을 위한 시나리오를 작성하여 해결에 이르는 과정을 평가
	√	서술형 시험	• 답안을 글로 써서 치르는 시험 • 객관식 시험(Multiple Choice Question) – 주어진 주제에 대해 몇 가지 보기를 주고 선택하도록 하는 시험 • 서술형 시험 (Short–Answer Question) – 주어진 주제나 요구에 대해 자유로운 형식으로 서술하는 시험 • 논술형 시험 – 주어진 과제를 논리적 과정을 통해 해결하고 그 과정을 언어로 서술하게 하여 평가
		사례연구	• 전통적인 레시피와 현대 레시피를 분석 · 적용하여 평가
		문답법 (평가지 질문)	• 학생들에 대하여 얻고자 하는 자료나 정보를 질의응답을 통해 수집하여 평가
√		체크리스트를 통한 관찰과 자기평가	• 체크리스트를 통한 관찰 : 많은 사항을 한눈에 알 수 있는 표를 만들어 학생의 학습과정과 결과를 체크해나가며 평가 (평가자 체크리스트) • 체크리스트를 통한 자기 평가 : 특정 주제에 대하여 스스로 학습과정이나 학습결과에 대해 자세하게 평가하도록 하고 그 결과를 평가(피평가자 체크리스트)
√	√	일지/저널	• 매일 또는 정기적으로 학생의 학습과정이나 학습결과를 기록하여 평가
		역할연기	• 학생들에게 가상의 문제 상황을 주고, 주어진 상황 속의 인물의 역할을 대신 수행해보도록 하여 평가
	√	구두발표	• 특정 교육내용이나 주제에 대한 학생의 의견이나 생각을 발표하도록 하여 평가
	√	작업장 평가	• 조리현장에서 일어나는 공정이나 일의 순서, 작업장 환경 등의 위생, 안전성 평가
√		학습참여율과 학습태도	• 추가적인 개입 없이 일괄적으로 진행되는 학습과정이 학습결과에 대한 의견이나 증거를 통해 평가
√		기타	• 평가자가 교육목표에 부합되는 다양한 평가유형을 개발하여 평가

7. 직업기초능력

1) 직업기초능력수준

학생들은 양식 스톡조리, 양식 소스조리 교과목을 이수하였을 경우 3수준의 직업 기초능력을 갖추어야 한다.

선택	직업기초	하위영역	수준
√	1. 의사소통능력	문서이해능력	L3(응용)
		문서작성능력	L3(응용)
		경청능력	L3(응용)
		언어구사력	L3(응용)
		기초외국어능력	L3(응용)
√	2. 문제해결능력	사고력	L3(응용)
		문제처리능력	L3(응용)
√	3. 자기개발능력	자아인식능력	
		자기개발능력	
		경력개발능력	
√	4. 정보능력	컴퓨터 활용능력	L3(응용)
		정보 처리능력	L3(응용)
√	5. 기술능력	기술이해능력	L3(응용)
		기술선택능력	L3(응용)
		기술적용능력	L3(응용)
√	6. 직업윤리	근로윤리	L3(응용)
		공동체윤리	L3(응용)

_수준 내역

- 1수준(인지, Knowledge) : 스톡, 소스 기초지식을 습득하여 타인의 지도하에 지시 대응적으로 스톡, 소스 조리 업무를 수행하는 수준이다.
- 2수준(이해, Understanding) : 스톡, 소스 실무지식 및 기술을 이해하여 부분적인 지도하에 조리업무를 수행하는 수준이다.
- 3수준(응용, Applying) : 스톡, 소스 전문지식 및 기술을 적용하여 업무와 관련된 기

능적 과업 및 이슈해결을 수행하는 수준이다.

- 4수준(지도, Guiding) : 스톡, 소스 전문지식 및 기술을 응용하여 주도적으로 업무를 수행하고 업무수행 전반을 감독하며 타인을 지도할 수 있는 수준이다.
- 5수준(창조, Creating) : 스톡, 소스 심화지식과 기술 및 경험을 활용하여 타인의 준거 모델이 되는 수준의 업무성과를 창출하고 업무상황 전반을 관리하며 타인에 대한 컨설팅을 주도적으로 수행할 수 있는 수준이다.

[직업기초능력 평가서]

평가영역	평가문항	매우 미흡	미흡	보통	우수	매우 우수
의사소통능력	• 업무를 수행함에 있어 다른 사람이 작성한 글을 읽고 그 내용을 이해할 수 있다.	①	②	③	④	⑤
	• 업무를 수행함에 있어 다른 사람의 말을 듣고 그 내용을 이해할 수 있다.	①	②	③	④	⑤
	• 업무를 수행함에 있어 자기가 뜻한 바를 말로 나타낼 수 있다.	①	②	③	④	⑤
	• 업무를 수행함에 있어 자기가 뜻한 바를 글로 나타낼 수 있다.	①	②	③	④	⑤
문제해결능력	• 업무와 관련된 문제를 인식하고 해결함에 있어 창조적, 논리적, 비판적으로 생각할 수 있다.	①	②	③	④	⑤
	• 업무와 관련된 문제의 특성을 파악하고, 대안을 제시, 적용하고 그 결과를 평가하여 피드백할 수 있다.	①	②	③	④	⑤
자기개발능력	• 업무를 수행함에 있어 자기관리를 할 수 있다.	①	②	③	④	⑤
	• 업무를 수행함에 있어 경력개발을 할 수 있다.	①	②	③	④	⑤
정보능력	• 업무를 수행함에 있어 컴퓨터를 활용할 수 있다.	①	②	③	④	⑤
	• 업무를 수행함에 있어 정보처리를 할 수 있다.	①	②	③	④	⑤
기술능력	• 업무를 수행함에 있어 기술을 이해할 수 있다.	①	②	③	④	⑤
	• 업무를 수행함에 있어 기술을 선택할 수 있다.	①	②	③	④	⑤
	• 업무를 수행함에 있어 기술을 적용할 수 있다.	①	②	③	④	⑤
직업윤리	• 근로자에게 요구되는 기본적인 윤리를 준수할 수 있다.	①	②	③	④	⑤
	• 공동체의 유지 · 발전에 필요한 기본적인 윤리를 준수할 수 있다.	①	②	③	④	⑤

8. 주차별 학습 내용 및 관련 능력단위

능력단위 : 양식 스톡조리

1주차 : 스톡재료 준비하기

스톡 이해하기

2주차 : 스톡 조리하기, 스톡 완성하기 1

표준 화이트 스톡 만들기

3주차 : 스톡 조리하기, 스톡 완성하기 2

표준 브라운 스톡 만들기

4주차 : 스톡 조리하기, 스톡 완성하기 3

표준 생선스톡, 쿠르 부이용 만들기

능력단위 : 양식 소스조리

5주차 : 소스재료 준비하기 및 소스 이해하기 1

6주차 : 소스재료 준비하기 및 소스 이해하기 2

7주차 : 소스 조리하기, 소스 완성하기 1

브라운 스톡 모체소스와 파생소스 만들기

8주차 : 소스 조리하기, 소스 완성하기 2

화이트 루에 스톡을 넣어 만든 벨루테 모체소스와 파생소스 만들기

9주차 : 소스 조리하기, 소스 완성하기 3

화이트 루에 우유를 넣어 만든 베샤멜 모체소스와 파생소스 만들기

10주차 : 소스 조리하기, 소스 완성하기 4

달걀 노른자와 버터를 이용한 모체소스와 파생소스 만들기

11주차 : 소스 조리하기, 소스 완성하기 5

달걀 노른자와 오일을 이용해 만든 마요네즈 모체소스와 파생소스 만들기

12주차 : 소스 조리하기, 소스 완성하기 6

식초 & 오일을 이용해 만든 비네그레트와 파생소스 만들기

13주차 : 소스 조리하기, 소스 완성하기 7

퓌레 만들기

14주차 : 소스 조리하기, 소스 완성하기 8

파스타 소스 만들기

15주차 : 소스 조리하기, 소스 완성하기 9

디저트 모체소스와 파생소스 만들기

혁신적인 소스Creative Sauce 만들기

9. 학습 내용에 대한 체크리스트

[직무수행능력 평가자 체크리스트]

양식 스톡조리							
평가영역		평가문항	매우 미흡	미흡	보통	우수	매우 우수
양식 스톡 조리	스톡재료 준비하기	• 조리에 필요한 부케가니Bouquet Garni를 준비할 수 있다.	①	②	③	④	⑤
		• 스톡의 종류에 따라 미르포아Mirepoix를 준비할 수 있다.	①	②	③	④	⑤
		• 육류, 어패류의 뼈를 찬물에 담가 핏물을 제거할 수 있다.	①	②	③	④	⑤
		• 브라운스톡은 조리에 필요한 뼈와 부속물을 오븐에 구워서 준비할 수 있다.	①	②	③	④	⑤
	스톡 조리하기	• 찬물에 재료를 넣고 서서히 끓일 수 있다.	①	②	③	④	⑤
		• 끓이는 과정에서 불순물이나 기름이 위로 떠오르면 걷어 낼 수 있다.	①	②	③	④	⑤
		• 적절한 시간에 미르포아와 향신료를 첨가할 수 있다.	①	②	③	④	⑤
		• 지정된 맛, 향, 농도, 색이 될 때까지 조리할 수 있다.	①	②	③	④	⑤
	스톡 완성하기	• 조리된 스톡을 불순물이 섞이지 않게 걸러낼 수 있다.	①	②	③	④	⑤
		• 마무리 된 스톡의 색깔 · 맛 · 투명감 · 풍미 · 온도를 통해 스톡의 품질을 평가할 수 있다.	①	②	③	④	⑤
		• 스톡은 사용용도에 맞추어 풍미와 질감을 갖도록 완성한다.	①	②	③	④	⑤

[평가결과]

합 계	점수 합계 : 11문항 55점 중 ____________점

* 자신의 점수를 문항 수로 나눈 값이 '3점' 이하에 해당하는 영역은 업무를 성공적으로 수행하는데 요구되는 능력이 부족한 것으로 교육훈련이나 개인학습을 통한 개발이 필요함.

[직무수행능력 자가 평가 체크리스트]

업무를 성공적으로 수행하는데 요구되는 능력과 학생 자신의 보유 능력을 비교 · 점검해 볼 수 있는 도구

양식 스톡조리

진단영역	진단문항	매우 미흡	미흡	보통	우수	매우 우수
스톡재료 준비하기	1. 나는 조리에 필요한 부케가니Bouquet Garni를 준비를 할 수 있다.	①	②	③	④	⑤
	2. 나는 스톡의 종류에 따라 미르포아Mirepoix를 준비할 수 있다.	①	②	③	④	⑤
	3. 나는 육류, 어패류의 뼈를 찬물에 담가 핏물을 제거할 수 있다.	①	②	③	④	⑤
	4. 나는 브라운스톡은 조리에 필요한 뼈와 부속물을 오븐에 구워서 준비할 수 있다.	①	②	③	④	⑤
스톡 조리하기	5. 나는 찬물에 재료를 넣고 서서히 끓일 수 있다.	①	②	③	④	⑤
	6. 나는 끓이는 과정에서 불순물이나 기름이 위로 떠오르면 걷어낼 수 있다.	①	②	③	④	⑤
	7. 나는 적절한 시간에 향신료를 첨가할 수 있다.	①	②	③	④	⑤
	8. 나는 지정된 맛, 향, 농도, 색이 될 때까지 조리할 수 있다.	①	②	③	④	⑤
스톡 완성하기	9. 나는 조리된 스톡을 불순물이 섞이지 않게 걸러낼 수 있다.	①	②	③	④	⑤
	10. 나는 마무리 된 스톡의 색깔 · 맛 · 투명감 · 풍미 · 온도를 통해 스톡의 품질을 평가할 수 있다.	①	②	③	④	⑤
	11. 나는 스톡을 사용용도에 맞추어 풍미와 질감을 갖도록 완성할 수 있다.	①	②	③	④	⑤

[진단결과]

진단영역	문항 수	점 수	점수 ÷ 문항 수
스톡재료 준비하기	4		
스톡 조리하기	4		
스톡 완성하기	3		
합 계	11		

* 자신의 점수를 문항 수로 나눈 값이 '3점' 이하에 해당하는 영역은 업무를 성공적으로 수행하는데 요구되는 능력이 부족한 것으로 교육훈련이나 개인학습을 통한 개발이 필요함.

[직무수행능력 평가자 체크리스트]

양식 소스조리							
평가영역		평가문항	매우 미흡	미흡	보통	우수	매우 우수
양식 소스 조리	소스재료 준비하기	• 조리에 필요한 부케가니Bouquet Garni를 준비할 수 있다.	①	②	③	④	⑤
		• 미르포아Mirepoix를 준비할 수 있다.	①	②	③	④	⑤
		• 루Roux는 버터와 밀가루를 동량으로 사용하여 만들 수 있다.	①	②	③	④	⑤
		• 소스에 필요한 스톡을 준비할 수 있다.	①	②	③	④	⑤
		• 소스 조리에 필요한 주방도구Kitchen Utensil를 준비할 수 있다.	①	②	③	④	⑤
	소스 조리하기	• 미르포아Mirepoix를 볶은 다음 찬 스톡을 넣고 서서히 끓일 수 있다.	①	②	③	④	⑤
		• 소스의 용도에 맞게 농후제를 사용할 수 있다.	①	②	③	④	⑤
		• 소스를 끓이는 과정에서 불순물이나 기름이 위로 떠오르면 걷어낼 수 있다.	①	②	③	④	⑤
		• 적절한 시간에 향신료를 첨가할 수 있다.	①	②	③	④	⑤
		• 원하는 소스의 지정된 맛, 향, 농도, 색이 될 때가지 조리할 수 있다.	①	②	③	④	⑤
		• 소스를 걸러내어 정제할 수 있다.	①	②	③	④	⑤
	소스 완성하기	• 소스의 품질이 떨어지지 않도록 적정 온도를 유지할 수 있다.	①	②	③	④	⑤
		• 소스에 표막이 생성되는 것을 막도록 버터나 정제된 버터로 표면을 덮어 마무리 할 수 있다.	①	②	③	④	⑤
		• 마무리 된 소스의 색깔과 맛, 투명감, 풍미, 온도를 통해 소스의 품질을 평가할 수 있다.	①	②	③	④	⑤
		• 요구되는 양에 맞추어 소스를 제공할 수 있다.	①	②	③	④	⑤

[평가결과]

합 계	점수 합계 : 15문항 75점 중 ____________점

* 자신의 점수를 문항 수로 나눈 값이 '3점' 이하에 해당하는 영역은 업무를 성공적으로 수행하는데 요구되는 능력이 부족한 것으로 교육훈련이나 개인학습을 통한 개발이 필요함.

[직무수행능력 자가 평가 체크리스트]

업무를 성공적으로 수행하는데 요구되는 능력과 학생 자신의 보유 능력을 비교 · 점검해 볼 수 있는 도구

양식 소스조리

진단영역	진단문항	매우 미흡	미흡	보통	우수	매우 우수
스톡재료 준비하기	1. 나는 조리에 필요한 부케가니Bouquet Garni를 준비를 할 수 있다.	①	②	③	④	⑤
	2. 나는 스톡의 종류에 따라 미르포아Mirepoix를 준비할 수 있다.	①	②	③	④	⑤
	3. 나는 육류, 어패류의 뼈를 찬물에 담가 핏물을 제거할 수 있다.	①	②	③	④	⑤
	4. 나는 브라운스톡은 조리에 필요한 뼈와 부속물을 오븐에 구워서 준비할 수 있다.	①	②	③	④	⑤
스톡 조리하기	5. 나는 찬물에 재료를 넣고 서서히 끓일 수 있다.	①	②	③	④	⑤
	6. 나는 끓이는 과정에서 불순물이나 기름이 위로 떠오르면 걷어낼 수 있다.	①	②	③	④	⑤
	7. 나는 적절한 시간에 향신료를 첨가할 수 있다.	①	②	③	④	⑤
	8. 나는 지정된 맛, 향, 농도, 색이 될 때까지 조리할 수 있다.	①	②	③	④	⑤
스톡 완성하기	9. 나는 조리된 스톡을 불순물이 섞이지 않게 걸러낼 수 있다.	①	②	③	④	⑤
	10. 나는 마무리 된 스톡의 색깔 · 맛 · 투명감 · 풍미 · 온도를 통해 스톡의 품질을 평가할 수 있다.	①	②	③	④	⑤
	11. 나는 스톡을 사용용도에 맞추어 풍미와 질감을 갖도록 완성할 수 있다.	①	②	③	④	⑤

[진단결과]

진단영역	문항 수	점 수	점수 ÷ 문항 수
스톡재료 준비하기	4		
스톡 조리하기	4		
스톡 완성하기	3		
합 계	11		

* 자신의 점수를 문항 수로 나눈 값이 '3점' 이하에 해당하는 영역은 업무를 성공적으로 수행하는데 요구되는 능력이 부족한 것으로 교육훈련이나 개인학습을 통한 개발이 필요함.

2
PART

이론편

Chapter 1. 스톡
Chapter 2. 소스

CHAPTER 1

스톡STOCK

1. 스톡 Stock

스톡은 단맛, 짠맛, 신맛, 매운맛, 쓴맛이 없는 중성의 맛을 가진다. 더불어 풍부한 풍미와 질감을 갖고 있다.

스톡을 몇 시간씩 끓여 준비해 놓고 맛을 보면 맛도 냄새도 평범하다. 이 중립적인 맛이 모든 요리에 어울리는 맛의 기초가 된다. 스톡에는 설탕, 소금, 식초, 고추, 허브 등이 들어가지 않아 단맛, 짠맛, 신맛, 매운맛, 쓴맛이 없기 때문이다. 그래서 스톡에 아무것도 넣지 않고 먹으면 풍미가 그다지 좋지 않다. 단지 중립적인 맛이다. 더불어 풍부한 풍미는 살코기에서 우려 나오고 질감은 도가니 뼈 속의 콜라겐에서 추출한 것이다.

풍미는 살코기에서 추출한 아미노산과 감칠맛 성분 때문이고 질감은 뼈에서 추출한 젤라틴이 스톡에 스며들어 충분한 묵직함을 느끼게 한다.

스톡은 고기를 정선하고 남은 고기부위, 잡뼈, 야채 등을 오랜 시간 가열해서 아미노산 및 감칠맛 분자와 젤라틴을 뽑아낸 것이다.

고기는 근육으로 구성되어 있고 단백질 섬유들과 수분으로 구성되어 있다. 단백질 섬유들은 물에 녹지 않는다. 근육 중 물에 녹는 것은 무게 중심으로 10% 정도이다. 즉 콜라겐 1%, 그 밖의 세포 단백질 5%, 아미노산 및 감칠맛 분자 2%, 당과 그 밖의 탄수화물 1%, 칼륨과 인을 비롯한 미네랄 1%이다. 고기를 완전히 익히면 무게의 40% 정도가 육즙으로 추출되며 고기의 내부 온도가 70℃에 이르면 육즙의 유출이 멈춘다. 육즙의 대부분은 물이고 나머지는 아미노산 및 감칠맛 분자 같은 수용성 분자들이다.

뼈에는 콜라겐이 약 20%, 돼지 껍질에는 30%, 연골이 많은 송아지 도가니에는 40%까지 들어 있다. 뼈와 껍질은 고기보다 젤라틴을 추출하기 좋은 부위이다. 따라서 스톡을 농축하여 소스의 농도를 걸쭉하게 만들기에 적합하다.

스톡 중 송아지 스톡이 가장 좋은 평가를 받는데 이는 감칠맛 나는 아미노산과 젤라틴 성분이 많고 맛이 평범하기 때문에 사용에 제한을 받지 않기 때문이다.

질 좋은 스톡이 프랑스 요리를 세계적으로 만든 것이다.

조리사는 스톡 제조과정 후 소스를 만든다.

형편없는 스톡을 만들게 되면 사람의 기분을 상하게 하는 브라운 소스가 나오고, 좋은 브라운 소스가 없으니 당연히 데미글라스Demi-glace도 좋지 않다. 좋은 데미글라스 없이는 다양하고 좋은 파생소스도 없다. 질 좋은 스톡이 프랑스의 다양한 소스를 유지하였고 프랑스 요리를 세계적으로 만든 것이다.

스톡은 맑아야 하며 풍부한 풍미glutamic acid와 질감texture을 가져야 한다. 탁월한 풍미의 원천은 값비싼 고기이고 젤라틴의 공급원은 고기보다 가격이 저렴한 뼈와 껍질이다. 풍미가 좋고 비싼 스톡은 고기로 만든 것이고, 질감이 좋고 값싼 스톡은 뼈로 만든 것이다. 현재 주방에서 사용하는 스톡은 이것들을 적절히 섞어서 만든다.

2. 스톡의 정의

육류와 가금류 그리고 어패류의 고기, 뼈, 생선 뼈 등을 야채, 향신료와 함께 물을 넣어 약한 불로 천천히 삶아 우려낸 국물이다. 이 스톡은 수프, 소스 제조과정에 중요한 재료가 되며, 스톡의 품질에 따라서 수프, 소스의 세밀한 맛이 결정된다.

3. 스톡의 종류

스톡은 브이용Bouillon과 퐁Fond으로 나눈다. 브이용은 값비싼 고기에 찬물을 부어 은근히 끓여 만든 스톡이고 퐁Fond은 뼈와 손질하고 남은 고기부위, 야채를 이용해 만든 스톡이다.

브이용은 미트 브이용Meat Bouillon과 쿠르 브이용Court Bouillon으로 나뉜다.

Meat Bouillon은 값비싼 살코기에 찬물을 부어 은근히 끓여 만드는 스톡으로 Soup으로도 사용되는 탁월한 풍미를 갖는 육수이다.

Court Bouillon은 '빠른 브이용'이라는 뜻으로 '쿠르 브이용'이라고 한다. 쿠르 브이용은 두 가지가 있다. 첫번째, 물, 와인, 야채, 향료 등을 넣어 만든 야채 브이용Vegetable Bouillon이다. 두번째, 어패류를 포칭poaching할 때 사용하는 생선 조리액으로 물, 야채, 식초, 향료 등을 넣어 만든다.

퐁Fond은 스톡을 뜻하는 불어이고 화이트 스톡과 브라운 스톡으로 나뉜다.

주재료를 데쳐서 찬물을 부어 은근히 끓인 것을 화이트 스톡이라고 한다.

화이트 스톡은 피시 스톡과 비프 스톡, 가금류를 이용한 스톡, 송아지 스톡으로 나눌 수 있다.

브라운 스톡은 뼈, 고기, 채소를 오븐에서 갈색으로 구워 찬물을 부어 은근히 끓여서 만든다.

비프 스톡은 8시간, 치킨 스톡은 4시간, 송아지 스톡은 6시간 동안 천천히 끓여야 젤라틴이 스며 나오고, 고기에서 구수한 풍미가 추출된다.

피시 스톡은 다른 스톡과 달리 30분에서 1시간 안에 약한 불에서 끓여야 한다.

피시 스톡을 30분에서 1시간 안에 약한 불에서 끓이는 이유는 두 가지 때문이다.

첫째는 장시간 스톡을 끓이게 되면 생선 뼈에 있는 칼슘염이 스톡을 탁하고 뿌옇게 만들기 때문이고, 둘째는 생선의 콜라겐이 10~25℃에서 잘 녹고 섬세하여 쉽게 파괴되기 때문이다. 생선의 콜라겐은 송아지, 소고기, 돼지고기 같은 육류의 콜라겐과 다르게 교차 결합된 콜라겐이 적어서 비교적 연약하고 쉽게 파괴되며 훨씬 낮은 온도에서 녹고 용해된다.

송아지 스톡이 가장 높게 평가된다.

소고기와 닭고기로 만든 스톡은 재료 고유의 풍미가 있어 독특한 맛이 난다. 반면에 송아지 고기로 만든 스톡은 중립적인 맛을 낼 뿐만 아니라 수용성 젤라틴 비중이 우수하여 스톡 중 가장 높게 평가한다. 연골이 많은 송아지 도가니와 발에서 풍부한 젤라틴을 추출할 수 있다.

스톡은 스톡stock, 더블 스톡double stock, 트리플 스톡triple stock으로 제조할 수 있다.

스톡은 일반제조과정을 거쳐 스톡을 만든다. 더블 스톡은 스톡에 한번 더 신선한 스톡재료를 넣어 스톡을 제조한다. 트리플 스톡은 더블 스톡에 스톡재료를 다시 준비하여 첨가함으로써 제조한다. 더블 스톡과 트리플 스톡은 일반적인 스톡보다 풍미와 질감이 좋다.

글라스드 비앙드는 젤라틴이 풍부한 진한 갈색의 반고형물의 양념이다.

20세기의 에스코피에와 21세기 제임스 피터슨은 글라스 드 비앙드 제조를 위한 브라운 비프 스톡 제조 레시피에 많은 젤라틴 추출을 위해 소 도가니 뼈를 이용하였다. 글라스 드 비앙드에는 토마토 페이스트를 첨가하는 것은 선택사항이다. 에스코피에(1902, Le Guide Culinaire 요리의 길잡이), 제임스 피터슨의 레시피에는 토마토 페이스트가 첨가되지 않는다. 보다 많은 용도로 사용하기를 원한다면 토마토 페이스트를 첨가하지 않는 것이 좋다. 토마토 페이스트를 첨가하지 않는 글라스 드 비앙드는 파생소스의 맛을 크게 변화시키지 않고 풍미와 질감을 강화시킬 수 있다. 브라운 스톡을 1/10 농축하여 단단하고 투명한 젤리 형태의 글라스 드 비앙드를 만든다. 여기에는 젤라틴이 다량 함유되어 있어 점성이 시럽 같고, 걸쭉하며, 농축된 아미노산과 감칠맛 분자들이 있어 맛이 풍부하고 진하다. 돼지 껍질이나 돼지 다리를 넣어 주기도 한다.

글라스 드 비앙드는 소스에 풍미savor와 묵직함body, 투명한 브라운색brown color을 첨가하기 위해 소량씩 사용한다.

4. 스톡을 이용한 소스 제조

데미글라스는 농후제 첨가 유무에 따라 묽은 상태, 루를 첨가한 농도가 걸쭉한 상태, 스톡에 전분을 첨가한 가벼운 소스 상태의 3종류로 구분할 수 있다.

데미글라스는 브라운 스톡을 이용해 3가지 형태로 제조할 수 있다.

첫째, 브라운 스톡을 농축하여 진한 스톡 상태인 쿨리Coulis를 만들 수 있다. 브라운 스톡에 보다 많은 고기들을 넣어 젤라틴과 풍미가 풍부한 스톡을 추출한 것을 쿨리라고 하고 이것을 트리플 스톡Triple Stock 혹은 농후제가 들어가지 않은 내추럴 데미글라스라고 한다.

둘째, 카렘과 에스코피에가 정의한 것으로 미국 CIA, 르꼬르동 블루에서 가리키고 있는 것으로 스톡에 루와 토마토 페이스트를 첨가하여 에스파뇰 소스를 만들고 스톡을 다시 넣어 졸여서 만든 데미글라스가 있다. 루를 넣는 주된 이유는 경제성과 고도로 농축된 젤라틴의 끈적끈적한 농도를 피하면서 스톡의 풍미가 날아가지 못하도록 붙잡아 두는 장점이 있다.

셋째, 브라운 스톡에 전분을 풀어 농도를 낸 클래식 데미글라스를 만들 수 있다.

스톡 Stock

● 검은색 : 식재료 ● 진한 빨간색 : 소스

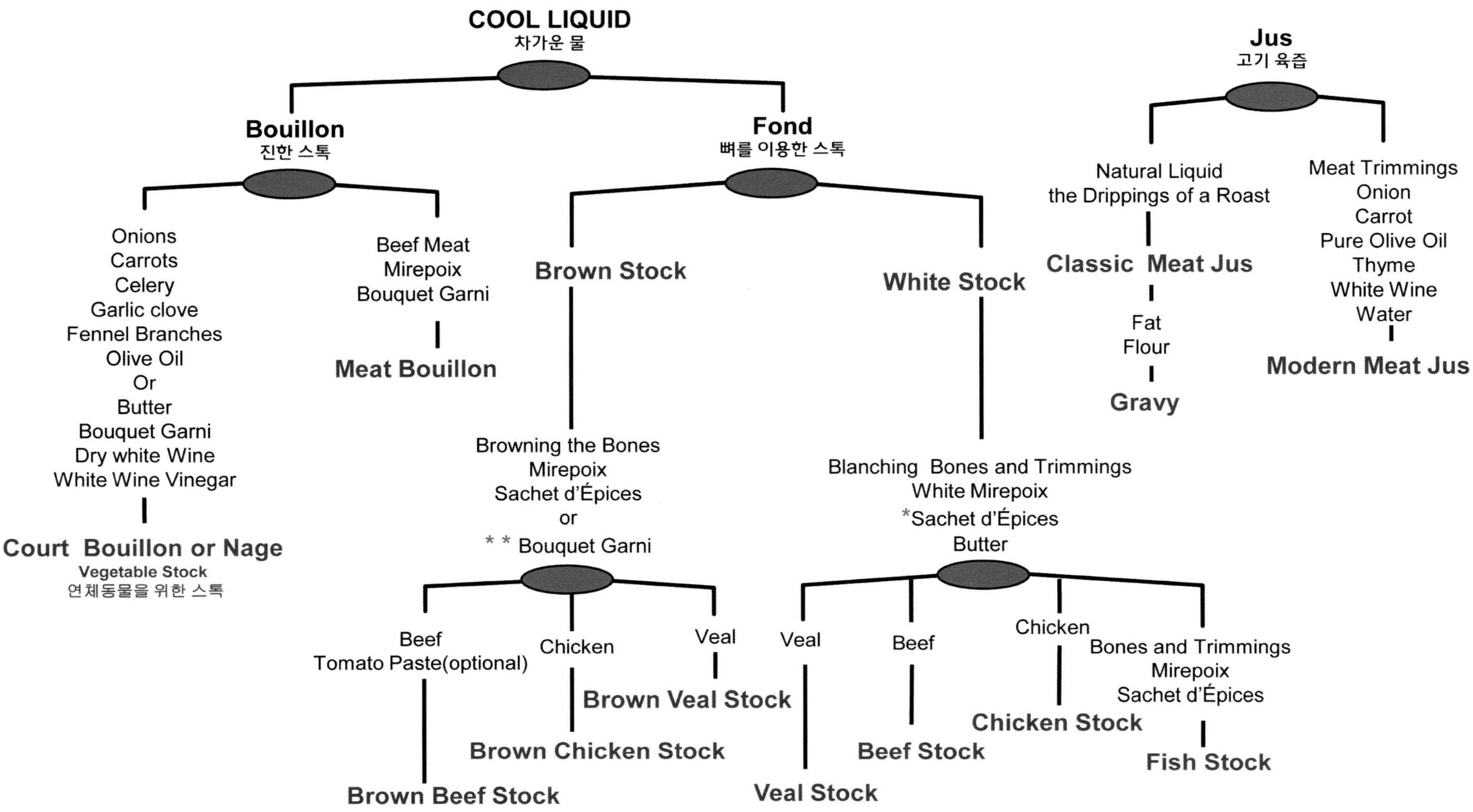

COOL LIQUID
차가운 물
Bouillon
진한 스톡
Onions
Carrots
Celery
Garlic clove
Fennel Branches
Olive Oil
Or
Butter
Bouquet Garni
Dry white Wine
White Wine Vinegar
Court Bouillon or Nage
Vegetable Stock
연체동물을 위한 스톡
Beef Meat
Mirepoix
Bouquet Garni
Meat Bouillon
Fond
뼈를 이용한 스톡
Brown Stock
Browning the Bones
Mirepoix
Sachet d'Épices
or
* * Bouquet Garni
Beef
Tomato Paste(optional)
Brown Beef Stock
Chicken
Brown Chicken Stock
Veal
Brown Veal Stock
White Stock
Blanching Bones and Trimmings
White Mirepoix
*Sachet d'Épices
Butter
Veal
Veal Stock
Beef
Beef Stock
Chicken
Chicken Stock
Bones and Trimmings
Mirepoix
Sachet d'Épices
Fish Stock
Jus
고기 육즙
Natural Liquid
the Drippings of a Roast
Classic Meat Jus
Fat
Flour
Gravy
Meat Trimmings
Onion
Carrot
Pure Olive Oil
Thyme
White Wine
Water
Modern Meat Jus

*향초 주머니 : 1리터의 액체에 적당한 표준 향초주머니는 파슬리줄기 3개, 타임 5g, 월계수잎 1개, 대파 줄기 2개, 으깬 통후추 1개

**향초 다발 : 1리터의 액체에 적당한 표준 향초 다발은 타임 줄기 1개, 파슬리 줄기 2개, 월계수잎 1개, 대파 줄기 2개, 셀러리 줄기를 대각선으로 자른 것 1개

브라운 비프 스톡 Beef Brown Stock / 1976 제임스 피터슨의 브라운 스톡은 스프와 소스의 양념으로 사용 가능함

● 검은색 : 식재료 ● 진한 빨간색 : 소스

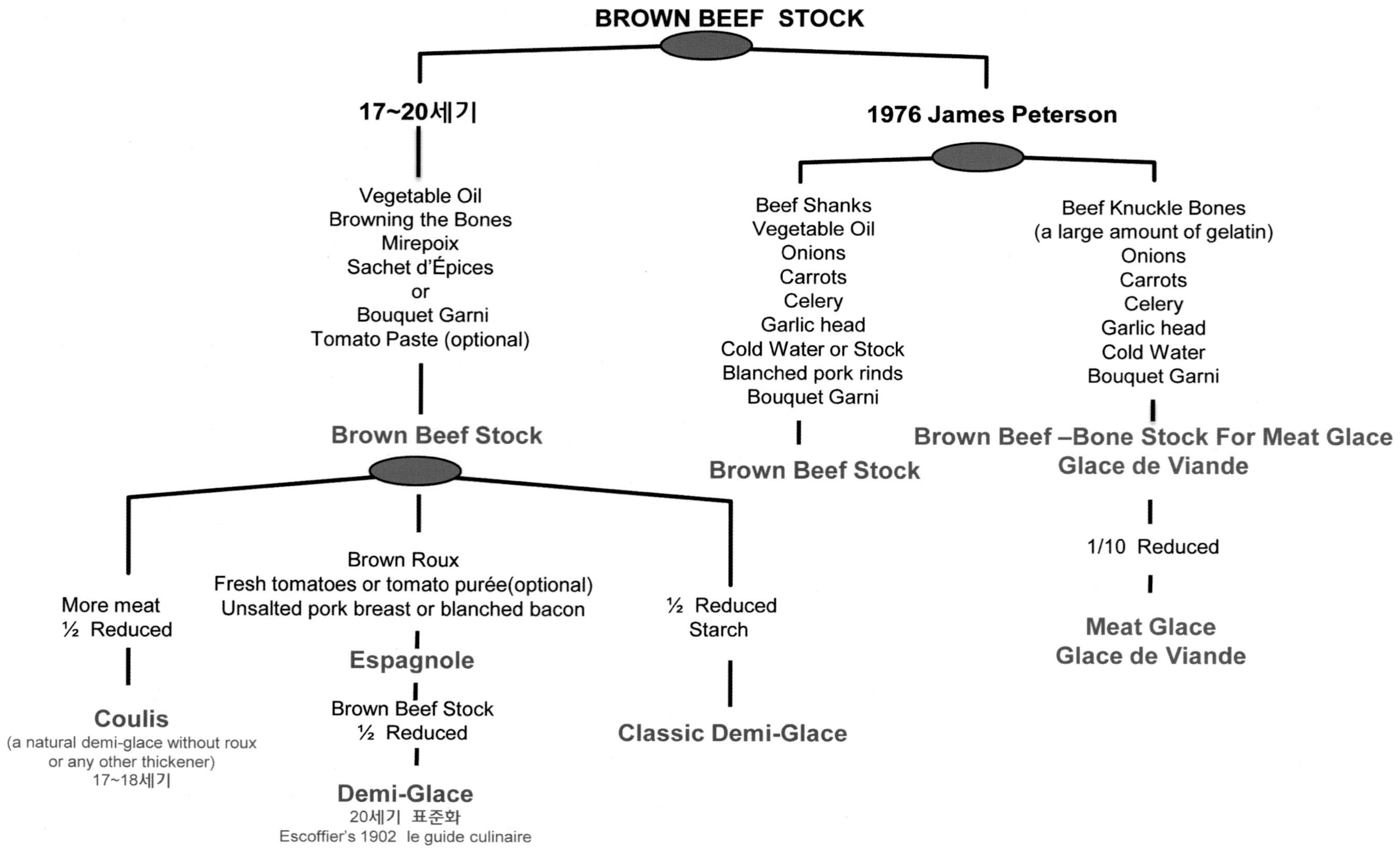

BROWN BEEF STOCK
17~20세기
Vegetable Oil
Browning the Bones
Mirepoix
Sachet d'Épices
or
Bouquet Garni
Tomato Paste (optional)
Brown Beef Stock
More meat
½ Reduced
Coulis
(a natural demi-glace without roux or any other thickener)
17~18세기
Brown Roux
Fresh tomatoes or tomato purée(optional)
Unsalted pork breast or blanched bacon
Espagnole
Brown Beef Stock
½ Reduced
Demi-Glace
20세기 표준화
Escoffier's 1902 le guide culinaire
½ Reduced
Starch
Classic Demi-Glace
1976 James Peterson
Beef Shanks
Vegetable Oil
Onions
Carrots
Celery
Garlic head
Cold Water or Stock
Blanched pork rinds
Bouquet Garni
Brown Beef Stock
Beef Knuckle Bones
(a large amount of gelatin)
Onions
Carrots
Celery
Garlic head
Cold Water
Bouquet Garni
Brown Beef –Bone Stock For Meat Glace
Glace de Viande
1/10 Reduced
Meat Glace
Glace de Viande

5. 스톡의 제조과정

찬물로 시작한다

찬물은 식재료 중에 있는 맛, 향 등의 성분을 잘 용해시켜준다. 뜨거운 물로 시작하여 가열하면 스톡을 맑게 하는 알부민Allbumin, 단백질Protein이 식재료 속에서 나오지 못하고 강한 열로 고기, 뼈의 섬유조직이 파괴되어 스톡이 탁하게 된다.

거품을 제거한다 Skimming

혼탁도를 줄일 수 있는 방법으로 향신료와 야채는 첫 거품을 제거한 후 넣어주는 것이 좋다.

약한 불로 끓이기 Simmering

85도에서 95도 사이로 은근히 끓여주어야 스톡을 맑고 풍미가 있게 만들 수 있다.

야채와 향신료 넣기

야채는 스톡을 불에서 내리기 1시간 전에 넣고, 향신료는 불에서 내리기 30분 전에 넣어주어 주재료인 육수 맛을 가리지 않아야 한다.

알맞은 조리시간

스톡 종류에 따른 조리시간은

- Beef Bone : 8~12시간 (8시간 standard)
- Chicken Bone : 2~4시간 (4시간 standard)
- Veal Bone : 6~8시간 (6시간 standard)
- Fish Bone : 30분~1시간 (30분 standard)

재료에 맞는 산출량

Cool Liquid : Bone = 10L : 1kg

거르기 Straining

내용물이 가라앉는 상태에서 조심스럽게 스톡을 거른다.

식히기 Cooling

스톡은 흐르는 찬물이나 얼음물에 빠르게 식히도록 한다.

보관 Storing

- 냉장보관 : 2~3일 사용
- 냉동보관 : 약 4주 보관 가능

6. 스톡 생산에 필요한 재료 및 기물

스톡의 기본 식재료 비율

1. 기본 비율

4kg	Bones
6L	Cold Water
0.5kg	Mirepoix

2. 준비하기

- 스톡 만드는 데 필요한 재료 준비 : Cold Water, Mirepoix, Aromatics, Bones
- 필요한 기물, 기구 준비 : Stock Pot, Skimmer, Strainer, Cheesecloth, Ladle, Wooden Spoon, Knife, Cutting Board, Roast pan, Sheet pan

7. 스톡의 4가지 평가 기준

평가 기준	매우 미흡	미흡	보통	우수	매우 우수
잘 조화된 맛 Well balanced flavor	①	②	③	④	⑤
적절한 색깔 Proper color	①	②	③	④	⑤
좋은 향 Appealing aroma	①	②	③	④	⑤
투명성 Clarity	①	②	③	④	⑤

8. 스톡의 기본 구성요소

1) 기본 재료

Stock 스톡	Water 물	Bones 뼈	Mirepoix 양파, 당근, 셀러리	Aromatics 허브 & 스파이스 (월계수잎, 마늘 생강 등)	Tomato Product (선택사항)	Mushroom Trimming 양송이	White Wine 화이트와인
Brown 브라운	V	V (browned)	V (browned)	V	V		
White 화이트	V	V (not browned)	V (not browned)	V			
Fish 생선	V	V	V	V (white mirepoix only)		V	V
*Fumet 퓨메	V	V	V (white mirepoix only)	V			V

*Fumet : 생선뼈나 고기에 물과 향신료를 넣어서 끓인 진한 농도의 스톡

2) 미르포아Mirepoix의 구성형태

Onions	Carrots	Celery
50%	25%	25%

1. 표준 화이트 스톡 Basic White Stock

Yield : 4L

• Bones(beef, veal, chicken)	4kg
• Cold Water	6L
• Mirepoix	0.5kg
• Aromatics	Sachet d'epices – 1ea
• *Simmering Times	Beef : 8시간, Veal : 6시간, Chicken : 4시간

2. 표준 브라운 스톡 Basic Brown Stock

Yield : 4L

• Veal Bones, browned	4kg
• Cold Water	6L
• Mirepoix, browned	0.5kg
• Tomato Paste, browned	180g
• Aromatics	Sachet d'epices : 1ea
• Simmering Times	6시간

3. 표준 피시 스톡 Basic Fish Stock

Yield : 4L

• Fish bones(trimmed)	6kg
• Cold Water	6L
• Mirepoix(no carrot)	0.5kg
• Aromatics	Sachet d'epices or Dill
• Simmering Hours	45분

*Simmering Times : 팔팔 끓이지 않고 90~95℃로 은근히 끓여 주는 것을 말한다.

CHAPTER 2

소스SAUCE

1. 소스 Sauce

소스는 요리들이 갖고 있는 미세하고 섬세한 맛의 차이를 통합한다.

서양요리의 기본 구성은 주재료와 부재료, 소스 등을 들 수 있다. 이 중 소스는 음식 본연의 맛을 깊게 하고, 그 맛을 다른 요리들이 갖고 있는 미세하고 섬세한 맛의 차이를 통합하는 데 있다.

에스코피에는 프랑스 요리의 탁월함은 바로 소스 때문이라고 한다.

"소스는 요리의 핵심 요소이다. 오늘날 프랑스 요리의 우수함은 소스 때문이다".

소스는 스톡과 농후제Liaison의 결합으로 되어 있다.

소스는 스톡과 적당한 농도를 갖추기 위한 농후제의 결합으로 되어 있다. 농후제는 브라운 스톡을 졸여 젤라틴이 풍부한 그라스 드 비앙드, 전분, 달걀 노른자, 밀가루, 버터 등을 말한다.

서양요리에서 소스는 맛이나 색을 위해 생선, 고기, 달걀, 채소 등 각종 요리의 용도에 적합하게 첨가하는 액상 또는 반 유동상태의 배합형 액상 조미액을 말한다.

소스의 정의를 찾아보면 다음과 같다.

- 브리태니커Britannica 백과사전에서는 음식을 조리할 때 넣거나 먹을 때 곁들이는 유동식 또는 반유동식 혼합물이다.
- 식품공전에서는 소스류라 함은 동 · 식물성 원료에 향신료, 장류, 당류, 식염 및 식초 등을 첨가하여 풍미 증진을 목적으로 사용하는 것이다.
- Wikipedia에는 In cooking, a sauce is liquid or sometimes semi-solid food served on or used in preparing other foods 소스는 음식에 곁들여지는 액체 혹은 반 유동성 액체이거나 요리를 준비할 때 사용되는 액체이다.

소스는 요리와 궁합이 맞아야 한다.

서양요리에서 소스는 조리 과정 중 식재료를 결합시키는 역할과 더불어 음식에 영양소를 공급하고 맛과 색상을 부여하여 음식을 아름답게 하는 역할을 한다. 그러므로 소스는 주재료와 맛과 향기, 색상, 영양소등이 잘 어울려야 한다. 일반적으로 주요리가 흰색이면 흰색소스, 갈색이면 갈색 소스를 제공하고 단순한 요리에는 영양이 풍부한 소스를 곁들이고, 영양이 풍부한 요리에는 단순한 소스를 곁들인다. 색이 안 좋은 요리에는 화려한 소스, 튀김 같이 수분이 부족한 요리에는 수분이 많고 부드러운 소스를 사용한다. 이렇게 주 요리와 소스의 맛 궁합이 잘 어울려야 한다.

소스에 첨가되는 재료 한 가지가 달라져도 엄격하게 소스는 재분류 된다.

모체소스에 단맛, 짠맛, 신맛, 매운맛, 쓴맛을 내는 재료를 넣거나 혹은 어떻게 배합하는가에 따라 다양한 맛의 소스들을 제조할 수 있다. 이렇게 제조된 파생소스들은 엄격하게 재분류된다.

2. 소스의 평가 기준

소스는 잘 조화된 맛, 적절한 염도와 당도, 적절한 색깔, 좋은 향, 음식에 어울리는 농도를 가져야 한다.

평가 기준	매우 미흡	미흡	보통	우수	매우 우수
잘 조화된 맛 Well balanced flavor	①	②	③	④	⑤
염도 Salinity	①	②	③	④	⑤
당도 Brix Degree	①	②	③	④	⑤
적절한 색깔 Proper color	①	②	③	④	⑤
좋은 향 Appealing aroma	①	②	③	④	⑤
농축된 농도 Concentration	①	②	③	④	⑤

3. 유럽 소스의 역사

소스Sauce는 '소금물'을 의미하는 'salsus'에서 유래하였다. 소금은 고대부터 현재까지 사용되고 있는 자연적인 맛 내기 재료이며 순수한 미네랄 결정체이다. 프랑스, 영국에서는 'Sauce', 이탈리아와 스페인에서는 'Salsa', 독일은 'Sosse'로 불려지는 소스는 전 세계 여러 지역에서 수많은 소스들이 탄생되었고 어떤 소스는 탄생지와 상관없이 여러 지역에서 인기를 끌고 있다. 그런데 수세대의 요리사들이 소스를 체계화 시키고 예술로 승화시키고 표준을 만들어서 요리를 격상시킨 중심지는 유럽이기에 유럽을 중심으로 소스 역사를 살펴보도록 한다.

로마시대 – 문헌에 고전 소스들이 언급되기 시작함

유럽에서 현대 소스와 유사한 형태를 보인 시기는 로마시대부터이다.

서기 25년 로마시대의 한 시인은 빵에 바르는 허브, 치즈, 기름, 식초를 갈아서 만든 얼얼하고 짭짤하고 향긋한 풍미의 페스토pesto를 만드는 시골 농부를 묘사했다. 그로부터 200~300년 후에 아피키우스는 500가지 조리법을 소개하는 책을 만들었다. 그 중 4분의 1 이상이 소스에 관한 것이다. 대부분의 소스에는 대여섯 가지의 허브와 향신료, 식초와 꿀, 발효시킨 생선 소스의 일종인 가룸이 들어간다. 소스를 걸쭉하게 하는 방법은 주재료 자체를 분쇄하는 방법, 견과류나 쌀을 갈아서 만드는 방법, 성게나 간을 갈아 넣는 방법, 달걀 노른자를 넣는 방법 등이었다.

소스를 만들 때 사용하는 도구는 절구와 절굿공이였다.

11세기부터 15세기까지의 중세 - 달걀 흰자를 이용한 정제와 육수의 농축법 도입

십자군전쟁으로 유럽인들은 아랍 상인들과 교류할 수 있었으며 계피, 생강 등이 전해지게 되었다. 소스 농도는 아몬드를 분쇄하여 맞추었으며 절구, 절굿공이와 더불어 소스의 거친 입자를 걸러내는 체를 사용하였다. 또한 고기 브로스broth : 갈색 묽은 고기육수를 농축시키기 시작하였으며 이를 통해 콩소메와 고형의 젤리가 개발되었다. 달걀 흰자의 거품을 이용해 액체를 맑게 하는 방법을 사용하였다. 중세에 소스용어들이 정리되었으며 브이용, 그레이비 등의 단어들이 정의되었다.

15세기부터 17세기까지 - 소스의 체계

현재 우리가 먹는 소스들이 개발된 시기이다.

실험과학이 번성하기 시작한 1400년에서부터 1700년까지의 300년 사이에 소스도 많은 발전을 거듭하였다.

소스의 농도를 입자가 거친 빵과 아몬드로 조절하는 대신 밀가루와 버터, 그리고 달걀을 이용하였다. 프랑스에서 고기 브로스broth : 갈색 묽은 고기육수가 고급 요리의 핵심요소로 떠오르고 '요리의 정수'로 칭송하였다. 요리사는 육즙을 추출하고 농축시켜 두었다가 다른 음식에 맛과 영양분을 보충하기 위해 사용하였다. 육즙에는 엄청나게 많은 양의 살코기가 필요하면서도 막상 완성된 요리에는 고기가 보이지 않았다.

프랑수아 마랭

1750년 무렵에 프랑수아 마랭은 브이용, 포타지, 쥐Jus, 콩소메, 레스토랑, 쿨리, 소스 등을 체계적으로 집대성하였다. 이후 프랑스 요리책에는 수십 가지의 수프와 소스들이 소개되었고 여러 가지 고전적인 소스들이 개발되고 이름지어졌다. 홀랜다이즈와 마요네즈, 베샤멜 소스 등이 소개되었다.

19세기 앙뚜앙 카렘의 4가지 모체소스

1789년에 프랑스대혁명이 일어나고 프랑스의 귀족들이 몰락하면서 그들에게 고용되었던 많은 요리사들이 최초의 고급 레스토랑을 개업하는 등 변화가 일어났다. 프랑스대혁명 이후, 셰프들은 자원의 부족을 재능으로 보완하거나 다른 방법을 통해 완벽한 요리를 완성하고자 노력하였고 현대요리 발전에 기여했다.

19세기 조리장 앙뚜앙 카렘Antonin Carême(1784~1833)은 프랑스 고전요리의 창시자로 그의 저서 〈19세기 프랑스 요리의 기술〉에서 소스를 4가지의 "mother sauce"로 분류하였다.

- Espagnole (brown stock-based)
- Velouté (white stock-based)
- Béchamel (milk-based)
- Allemande (egg-enriched velouté)

여기에 다섯 번째 소스그룹을 포함시킬 수 있다고 하였다.

- Emulsified Sauces로 Hollandaise와 Mayonnaise

이 시기에 밀가루를 이용하여 농도를 조절하였고 프랑스대혁명 이후 자원의 부족한 시기에 기존 농축한 스톡을 사용한 것보다 경제적이었기 때문에 많이 사용하게 되었다.

20세기 오귀스트 에스코피에의 5가지 모체소스

카렘 이후 20세기에는 프랑스 고전요리를 집대성한 책인 오귀스트 에스코피에의 〈요리의 길잡이〉에는 수백 가지의 다양한 소스들이 실린다.

에스코피에는 조리의 과학화를 외치며 "요리의 겉만 화려하고 맛이 없던 요리를 환상적인 장식과 걸쭉한 소스를 지양하고 조금 더 간단한 표현을 창출하여야 한다"고 주장했다.

또한 에스코피에는 모체소스의 중요성을 강조하면서 카렘이 주로 사용하였던 많은 종류의 essences와 fumets 사용을 제한하면서 소스 만드는 방법을 단순화하였고 기초소스를 다음 5가지로 정리하였다.

- Espagaole : 브라운 스톡과 브라운 루를 이용해 만든 브라운 소스

• Velouté : 루에 화이트 스톡을 섞어서 만든 블론즈 소스
• Béchamel : 루에 우유를 넣어 만든 화이트 소스
• Tomato : 토마토를 이용해 만든 소스
• Hollandaise : 버터와 달걀 노른자를 이용해 만든 노란색 소스

20세기 – 오뜨 퀴진에서 누벨 퀴진으로

1960년대와 1970년대에 국제적인 고급요리를 개발하면서 발전했던 조리법으로 음식의 신선도, 담백함, 풍미의 깨끗함에 중점을 두고 요리하였다. 전통적인 프랑스 오뜨 퀴진 요리의 고급스럽고 화려하고 열량이 많은 것에 대한 반작용으로, 식품의 자연스러운 풍미, 질감, 색조를 강조했다. 또한 몸에 해롭다는 지방, 설탕, 정제전분, 소금을 사용하는 것을 최소한으로 제한했다.

브라운 소스와 화이트 소스 사용을 하지 않고 이전보다 맛을 가볍게 한 송아지 고기 스톡, 피시 스톡을 조림 국물이나 브레이징 국물로 사용했다. 소스 농도는 밀가루나 전분보다 크림, 버터, 요구르트, 생치즈, 채소, 퓌레, 거품을 사용했다.

21세기 – 포스트 누벨 : 다양하고 혁신적인 소스들

지구가 글로벌화되면서 현대요리는 다양한 소스를 즐기게 되었다. 특히, 유화제, 거품, 젤리와 같은 새로운 형태의 요리를 만들고 액화질소나 고성능 분쇄기를 사용하거나 해초와 미생물에서 추출한 재료들을 점도제로 사용하기도 한다.

4. 소스가 발생된 시기 The Sauce Timeline

• 10,000 BC	Almond
• 7000 BC	Wine & Beer, Lard
• 5000 BC	Honey, Arugula, Chili Peppers, Avocados, Milk & Yogurt & Sour Cream
• 4000 BC	Yeast Breads: Pitta & Focaccia
• 3000 BC	Butter, Ice Cream, Palm Oil, Barley, Peas, Carrots, Onions, Garlic, Spices
• 2500 BC	Olive Oil
• 2300 BC	Saffron
• 2000 BC	Mustard

• 1500 BC	Chocolate & Vanilla
• 1200 BC	Sugar
• 1000 BC	Pickles
• 1st Century	Fride Chicken, Foie gras, French Toast & Omlettes Cheese Cake
• 1390	Apple Sauce
• 1653	Robert Sauce
• 1692	Spanish Tomato Sauce
• 1744	Espagnole Sauce
• 1747	to make English Catchup
• 1756	Mayonnaise, Tartar Sauce
• 1790	Pasta & Tomato Sauce
• 1817	Remoulade
• 1824	Tomato Soy
• 1828	Allemande, Bechamel, Espagnole, Custard–Sauce, Green Remou-lade, Mayonnaise
• 1830	Fish Sauce, Worcestershire Sauce
• 1837	Cold Sweet Sauce
• 1839	Tomato Sauce
• 1845	Mustard the Common Way, Gravy Sauce
• 1848	Pesto
• 1853	Superior Sauce for Plum Pudding
• 1868	Tabasco Sauce
• 1869	Bordelaise Sauce, Dutch Sauce, or Sauce Hollandaise, Mirepoix of Gouffe, Chateaubriand Sauce White Mayonnaise Sauce, Green Mayonnaise Sauce, Fundamental Sauces–Espagnol, Veloute, Allemande, Bechamel Bearnaise Sauce
• 1870	Margarine & unsalted Butter
• 1878	Hard Sauce
• 1880s	French Dressing
• 1884	Hard Sauce(for hard puddings)
• 1887	Pancake Syrups
• 1892	Sauce for Plum Pudding, Tomato Gravy
• 1893	Salsa Verde(Green Sauce)
• 1894	Cheese Sauce
• 1897	Nantua Sauce
• 1902	The Mother Sauce Matrix, Karo Syrup
• 1903	Mirepoix of Escoffier

• 1907	Aioli, or Beurre de Provence, Demi–glace, Jus de Veau lie–Thickened Veal Gravy, Mornay Sauce, Nantua Sauce, Joinville Sauce, Normande Sauce
• 1912	Chocolate sauce
• 1920	Half–Glaze Sauce, Clear and Thickened
• 1923	sauce for English Plum Pudding
• 1934	Cocoa Fudge Sauce
• 1938	Asparagus Supreme
• 1939	Cheese Sauce for Vegetables, Fruit and Horseradish Sauce
• 1942	Fruit Salad Dressing
• 1943	Lemon Pudding Sauce
• 1944	Italian Spaghetti Pasta
• 1946	Pasta al Pesto
• 1948	Hard Sauce, Rum or Brandy Hard Sauce
• 1950	Modern American Honey Mustard
• 1952	Pesto Sauce, Genoise Style
• 1954	Ranch Dressing
• 1955	Basil is becoming more common in American cookery
• 1956	Barbecue Sauce associated with Wisconsin
• 1958	Bean Dip, Jezebel Sauce
• 1961	Sacue Aioli(Provencal Garlic Mayonnaise), Demi–glace sauce or rich brown sauce
• 1962	Parsley Mornay Sauce
• 1963	The French Family of Sauce, White Sauces, Brown Sauces, Tomato Sauce, Egg Yolk and Butter Sauces, Egg Yolk and Oil Sauces, Oil and Vinegar Sauces, Flavored Butters. White Sauce(Egg Yolk and Ceam Enrichment)
• 1965	Taco Dip
• 1967	Dips–Cold and Hot
• 1973	Just de veau Lie
• 1974	fried seafood dipping sauce, New York
• 1982	Tex–Mex Dip
• 1941	Brown sauce
• 1996	Mirepoix, White Mirepoix of CIA
• 1998	Kentuck Chocolate Gravy
• 1999	barbecue sauce, South Carolina

5. 소스의 기본 구성

소스는 스톡과 농후제의 결합으로 이루어진다.

1) 스톡 Stock

스톡은 고기와 뼈에서 추출해 낸 육수이다.

요리사는 육수를 추출하고 농축시켜 두었다가 최종 요리를 익히는 데 쓰거나 또는 스톡을 졸여서 강하고 묵직한 풍미의 소스를 만드는 데 사용한다. 이러한 스톡과 농축액은 여전히 레스토랑 요리의 핵심이다.

농도를 내는 방법은 크게 2가지가 있다.

첫째, 농후제인 루나 전분, 버터, 달걀 노른자 등을 첨가하여 걸쭉하게 한다.

둘째, 스톡을 졸여서 농도를 걸쭉하게 하는 방법이다. 밀가루 농후제를 사용하기보다는 스톡 속의 젤라틴을 이용하는 것이다. 스톡을 졸여서 만들기 때문에 젤라틴 함량이 많다.

2) 농후제 Thickening Agents

농후제Thickening Agents란 두 개의 물질을 결합시켜 새로운 하나의 물질을 만드는 역할을 하며 사용목적은 맛, 색깔, 농도를 조절하기 위함이다.

일반적으로 Butter, Roux, Cream, Egg Yolk, Starch 등이 이용된다.

(1) 전분을 이용한 농후제

① 전분 Starches

응집력과 광택이 훌륭한 농축제로서 Corn Starches, Arrow Root, Tapioca Starches, Rice 등이 있다.

a. Rice는 맑고 투명한 소스에 사용하기는 어려우며 비스크 수프Bisque Soup 등 걸쭉한 수프Thick Soup에는 루Roux 대신 사용하기도 하나 쉽게 변질되는 약점이 있다.

b. Tapioca : 카사바나 메니악의 뿌리에서 추출한 녹말이다.

c. Arrow Root : 칡의 일종, 칡가루, 갈분으로 비싼 편이다.

② 슬러리 Slurry

전분 같은 불용해물에 물을 섞어 놓은 것을 슬러리라고 한다.

전분을 찬물에 넣어 뜨거운 소스나 수프의 농도를 맞추는 역할을 한다.

(2) 단백질을 이용한 농후제

① 달걀 노른자 Egg yolk

달걀 노른자를 그릇에 담아서 거품기ballon Whisk로 친 후 사용하며, 크림을 첨가하여 사용하기도 한다. 수프나 소스의 완성단계에 섞어서 사용하며, 절대 끓여서는 안 된다.

② 블러드 Blood

일반적으로 돼지 피를 사용하며, 주로 산토끼나 들짐승 요리의 소스 농도를 내는 데 이용된다. 사용방법은 달걀 노른자와 비슷하다.

③ 버터 Butter

버터 속에 액체를 유화시킬 수 있는 성분들이 많다. 버터 몽테-크림 소스Butter Monte-Cream Sauce 등 모든 소스에 이 방법을 사용하고 있다.

④ 크림 Cream

크림 속에 액체를 유화시킬 수 있는 성분들이 많아 루Roux 대신 농후제로 많이 사용한다. 주로 화이트 소스 계통에 많이 사용한다.

⑤ 리에종 Liaison

소스나 수프의 농도를 진하게 하는 농후제로 밀가루, 버터, 달걀 노른자, 전분, 녹말가루를 말한다.

흔한 예로, 달걀 노른자와 헤비 크림Heavy cream을 1:3 비율로 혼합하여 소스나 수프의 농도를 맞출 때 쓰인다.

⑥ 젤라틴 gellatin

소 뼈 중 도가니를 구워서 찬물에 넣어 끓여 젤라틴을 추출하거나 돼지 껍질 등을 첨가하여 젤라틴이 풍부한 스톡을 만든다. 오늘날 건강을 중시하는 웰빙시대에 스톡을 졸여서 쓰는 조리장들이 많다.

(3) 전분과 단백질 결합 농후제

① 루 Roux

밀가루와 버터를 동량으로 섞어 만드는 것으로 화이트 루, 블론드 루, 브라운 루가 있다. 화이트 루는 화이트 소스, 크림 수프를 만들 때 사용하며 3가지 종류의 루 중에 가장 강한 농후제이다.

블론드 루는 화이트 루보다 조금 더 색을 낸 것으로 캐러멜화가 시작되기 전까지 조리한다. 은은하게 퍼지는 고소한 향이 필요한 소스에 사용하며 블론드 색을 내는 데 사용한다. 브라운 루는 가장 짙은 갈색이며 브라운 소스를 만드는 데 사용하고 3가지 종류의 루 중에 가장 약한 농후제이다.

루Roux의 사용 시 주의사항은 뜨거운 루에는 따뜻한 우유를 넣어야 윤기나는 소스를 만들 수 있다. 서양요리의 특징 중 하나가 모든 식재료의 조리 조건이 비슷해야 하기 때문이다.

② 베르마니 Beurre Manie

밀가루와 Whole Butter의 비율을 1:1로 혼합하여 사용한다.

(4) 야채를 이용한 농후제

① 야채 퓌레 Vegetable Puree

현대에 와서 많이 사용하며 향과 영양가치를 살릴 수 있는 장점이 있다.

6. 양식의 소스 분류

이 책은 저자의 창의적인 아이디어에 따라 이해하기 쉽고, 쉽게 이해시킬 수 있는 방법으로 주재료를 바탕으로 소스를 분류하였다.

기존 5가지 모체소스 분류 방법과 색에 의한 분류 방법, 기존 주재료에 의한 분류 방법에서 보다 쉽게 서양 소스에 접근할 수 있도록 분류하였다.

1) 양식의 기본 소스

모든 소스의 기본이 되는 소스는 크게 5가지로 구분할 수 있다.

모체소스 Grand Sauce (Mother Sauce)

- Demi – Glace Sauce 갈색
- Veloute Sauce 블론드 색
- Béchamel Sauce 흰색
- Tomato Sauce 적색
- Hollandaise Sauce 노란색

2) 주재료에 따른 소스 분류

이 책은 주재료에 따라 소스를 분류하였다. 주재료와 첨가되는 재료에 따라 소스를 분류하게 되면 각각의 소스에 대한 맛을 마음속에 그림을 그릴 수 있게 되고 쉽게 소스를 만들 수 있게 된다.

소스에 첨가되는 재료 중 한 가지가 달라져도 소스는 엄격하게 재분류된다.

3) 소스재료 준비

1. 소스 만드는 데 필요한 재료 준비

Stock(Beef, Chicken, Veal – White or Brown)
Meats, Bones
Mirepoix
Cream, Milk
Aromatics(Herb & Spices)
Thickener(Roux, Arrowroot)
Fats(Butter, Oil)
Other Ingredientss(Tomatoes, White & Red wine)

2. 필요한 기물, 기구 준비

Sauce Pot, Pan
Skimmer, Strainer, Cheesecloth
Ladle, Wooden Spoon
Knife, Cutting Board
Stainless Steel Bowl

재료에 따른 소스 분류법

표 참조	재료 주재료	재료 부재료	모체소스	파생소스 1	파생소스 2
p. 61, 62	브라운 스톡 Brown Stock	루 Roux 토마토 페이스트 Tomato Paste	데미글라스 Demi-glace	레드와인 첨가	보르드레즈, 뮈네트
				강화와인 첨가	마디라, 뽁또(포트)
				화이트와인 첨가	샤세르, 디아블
				식초 첨가	갸스트히끄, 뿌와브하드
				리큐어, 무 첨가	뻬히귀오, 페히구흐딘
p. 67, 73	루 Roux	화이트 스톡 Veal, Chicken, Beef	벨루테 Velouté	슈프림 소스	이브아르, 알뷔페하
				알망드 소스	빌라즈와즈, 샴피뇽
		우유 Milk	베샤멜 Béchamel	크림 소스	수비즈 Ⅱ
				수비즈 Ⅰ, 모르네이, 낭투아, 카흐디날	
		피시 스톡 Fish Stock	생선 벨루테 Fish Velouté	클레식 스타일 Roux 첨가	노르망드, 엉슈와, 오마르, 오로르(오로라)
				현대 스타일 Cream, Butter, Egg Yolk 첨가	
p. 80, 84, 85	달걀 노른자 Egg Yolk	버터 Butter	홀랜다이즈 Holandaise	말테즈, 무슬린, 누아제트	
			베어네이즈 Bearnaise	티로리앵, 포요트, 쇼롱	
		오일 Oil	마요네즈 Mayonnise	베르트, 아이오리, 앙달루즈, 타르타르	
p. 88, 89	버터 Butter		화이트 버터 소스 White Butter Sauce	뵈르 낭테, 뵈르 루즈, 뵈르 시트론	
			갈색 버터 소스 Broken Butter Sauce 버터를 가열하여 제조	뵈르 누아제트, 뵈르 누아	
			혼합버터 Compound Butter	알몬드 버터, 앤초비 버터, 베르시 버터	
			휘피드 버터 Whipped Butter	와인 식초 휘피드 버터, 레드와인 휘피드 버터	

표 참조	재료 - 주재료	재료 - 부재료	모체소스	파생소스 1	파생소스 2
p. 92	식초 Vinegar	오일 Oil	핫 비네그레트 Hot Vinaigrette	토마토 비네그레트 스위트 페퍼 & 마늘 비네그레트	
			콜 비네그레트 Cold Vinaigrette	크리미 비네크레트, 베이직 비네그레트	
p. 98, 101	덜익은 토마토, 과일 Underripe	식초 Vinegar	처트니 Chutney	스위트 & 사워	그린 토마토 처트니 스위트-사워 프루츠
	토마토 Tomato	양파 Onion		야채 처트니	토마토 & 양파 처트니
	허브 Herb	레몬주스 Lemon Juice		허브 처트니	고수 처트니
	오렌지 Orange	샬롯, 디종머스타드	과일 소스 Fruit Sauce 빠테, 테린 차가운 로스트 미트용	컴버랜드 소스	
	크랜베리 Cranberry	설탕, 물		크랜베리 소스	
	타마린드 Tamarind	마늘, 타이고추		타마린드 소스	
p. 104, 105	토마토 Tomato		퓌레 Puree	토마토 퓌레	
	토마틸로스 Tomatillos			토마틸로스 퓌레	
	수영 Sorrel			수영 퓌레	
	마늘 Garlic			마늘 퓌레	
	감자 Potato			감자 퓌레	
	버섯 Mushrooms			버섯 퓌레	
	콜리플라워 Cauliflower			콜리플라워 퓌레	
	견과류 Nuts			견과류 퓌레	
	뿌리채소 Root Vegetables			뿌리채소 퓌레	
	페스토 Pestos			페스토	
	콩류 Legumes			콩 퓌레	
p. 108	토마토 Tomatoes	올리브 오일 Olive Oil	이탈리안 스타일 토마토 소스 Italian Style	볼로네이즈	
		버터 & 밀가루 Butter & Flour	프랑스 스타일 토마토 소스 French Style	포르튀게르, 퐁뒤	
		엑스트라 올리브 오일 Extra-Virgin Olive Oil	멕시코 스타일 살사 Mexican Style Salsa	멕시코 살사	

표 참조	재료		모체소스	파생소스 1	파생소스 2
	주재료	부재료			
p. 112	올리브 오일 & 버터 Olive Oil and Butter		파스타 소스 Pasta Sauce	올리브 오일 & 버터를 이용한 간단한 소스	
	크림 Cream			크림을 이용한 소스	
	돼지고기 가공육 Preserved Pork Products			돼지고기 가공육을 이용한 소스	
	해산물 Seafood			해물 소스	
	야채 Vegetables			야채 소스	
	고기 Meat			고기 소스	
	토마토 Tomato			토마토 소스	
p. 115	달걀 노른자 Egg Yolk	설탕 Sugar 우유 Milk 바닐라 빈 Vanilla Beans	디저트 소스 Dessert Sauce	크림 앙글레즈	
		설탕 Sugar 화이트와인 White Wine		사바용	
	초콜릿 Chocolate	헤비 크림 Heavy Cream 버터 Butter 우유 Milk		가나슈	
		헤비 크림 Heavy Cream 버터 Butter 달걀 노른자 Egg Yolks 리큐르 Other Liquids		초콜릿 소스	
		리큐르 Liquid 버터 Butter		초콜릿 버터 소스	
	캐러멜 Caramel	크림 Cream		캐러멜 크림소스	
		버터 Butter 헤비 크림 Heavy Cream		버터 스카치 소스	
		배 Pear 버터 Butter 헤비 크림 Heavy Cream		배-버터 스카치 소스	
	과일 Fruit	설탕 시럽 Sugar Syrup		딸기 쿨리, 배 쿨리, 키위 쿨리	

7. 소스 종류

1) 브라운 소스군 Brown Sauce

브라운 스톡에 농후제를 첨가하거나 졸여서 걸쭉하게 만든 소스이다.

대표적인 브라운 소스의 모체소스는 데미글라스이다.

데미글라스는 스톡과 도토리묵 상태의 중간 상태인 '하프 글라스' 상태이다.

데미글라스는 브라운 스톡과 브라운 소스를 50:50으로 섞어 졸여서 만든 소스로서 사전적인 의미로는 풍부한 풍미를 갖는 브라운 소스rich brown sauce이고 브라운 스톡에 향신료aromatics를 넣고 졸이는reduce 개념도 가지고 있다.

데미글라스는 여러 가지 다양한 재료들과 농후제, 여러 가지 향을 가미하여 수천 가지의 특별한 풍미와 뉘앙스를 가진 프랑스의 여러 가지 브라운 소스들을 위한 모체소스이다.

데미글라스에 레드와인, 화이트와인, 강화와인, 와인식초 등을 첨가하여 파생소스를 만들거나 리큐어를 첨가하지 않고 다양한 식재료를 첨가하여 파생소스를 만든다.

다음 표는 Demi-Glace를 기본으로 한 브라운 소스의 파생소스를 도표화한 것이다. 브라운 소스에 화이트와인, 레드와인, 강화와인, 와인식초 등을 첨가하여 파생소스를 만들 수 있다. 또한 와인이나 와인식초 등을 첨가하지 않고 브라운 소스의 파생소스를 만들 수 있다. 브라운 소스들의 이름이 다양한데 이것은 17세기부터 20세기까지 요리사들에 의해 불려진 것으로 어떠한 법칙에 의해 지어진 것이 아니라 요리사들의 기분에 의해 즉흥적으로 지어졌다. 그 후에 만들어진 소스 이름들은 들어간 재료에 따라 쉽게 불려지게 되었다.

레드와인을 첨가한 브라운 소스들

레드와인을 졸인 후 데미글라스를 넣어 와인의 탄닌과 향을 혼합하여 레드와인 첨가 브라운 소스의 모체소스를 만든다. 여기에 다양한 농후제나 가니시, 그리고 코냑과 허브를 첨가하여 소스를 만들게 된다. 레드와인에 데미글라스, 샬롯, 페퍼콘, 타임, 레몬주스 등을 넣게 되면 보르드레즈 소스가 되고 여기에 오리 간을 첨가하게 되면 루에네즈 소스가 된다.

화이트와인을 첨가한 브라운 소스들

브라운 스톡을 만들 때 뼈를 구운 후 물과 화이트와인을 넣어 준다. 이러한 화이트와인이 들어간 브라운 스톡을 이용해 데미글라스를 만들어 놓는다. 파생소스를 만들 때 들어가는 다양한 가니시(양송이, 허브, 양파, 트러플 등)들을 조리한 후 화이트와인을 첨가하여 졸여준 후 데미글라스를 첨가하여 화이트와인을 첨가한 브라운 소스를 만들 수 있다. 양송이 슬라이스를 볶다가 코냑과 화이트와인을 넣고 졸여준 후 데미글라스를 넣어 농도를 조절하여 샤세르 소스를 만들 수 있다. 또한 소스 팬에 타라곤과 화이트와인을 넣어 졸여준 후 데미글라스를 넣어 에스트라공 소스를 만들 수 있다.

강화와인을 첨가한 브라운 소스들

데미글라스에 마디라 와인을 첨가하여 졸여서 만들면 마디라 소스가 되고 여기에 트러플을 찹하여 넣어주면 피낭세흐에 소스가 된다. 데미글라스에 포트와인을 넣어 졸여주면 포트 소스가 된다.

식초를 첨가한 브라운 소스들

식초를 첨가한 브라운 소스는 3가지 종류로 나눌 수 있다.

첫 번째, 달콤하고 시큼한 소스인 갸스트히끄 소스를 기본으로 만든 소스이다. 갸스트히끄는 설탕을 캐러멜화하여 와인식초를 넣어 녹여서 만든다.

두 번째, 수렵용 고기를 와인식초로 마리네이드하여 사용하는 소스이다. 데미글라스에서 파생한 뿌와브하드Poivrade 소스 계열이다. 이 소스는 수렵용 짐승을 허브, 미르포아, 화이트와인으로 마리네이드한 후 고기를 트리밍Trimming하여 소스를 만든다. 주로 수렵용 고기에 사용된다.

세 번째, 기타 종류로 구별되는 독특한 스타일의 식초 첨가 소스가 있다. 진가라 A 소스와 피컨트 소스이다. 진가라 A 소스는 화이트와인과 와인식초를 섞어 졸여준 후 데미글라스와 빵 조각을 넣어 만든 소스이고 피컨트 소스는 절인 오이와 화이트 와인, 와인식초를 넣어 만든 소스이다.

와인과 와인식초를 첨가하지 않은 브라운 소스들

지금까지 소스들은 다양한 풍미를 주는 재료들을 첨가하여 만들어졌다. 예를 들면, 미르포아, 샬롯, 햄, 양파, 레드와인, 화이트와인, 와인식초, 강화와인들이 첨가되었다. 이러한 재료들의 첨가는 트러플이나 버섯 같이 향이 좋은 재료의 풍미를 잃게 한다. 와인과 식초 등 부가적인 재료를 첨가하지 않고 데미글라스에 찹한 트러플이나 슬라이스 트러플, 버섯, 양송이 등을 넣어 만들게 된 뻬히귀오, 페히구흐딘, 샴피뇽, 이딸리엔느 소스들은 첨가재료의 풍미를 뚜렷이 살려내는 소스들이다.

● 검은색 : 식재료 ● 진한 빨간색 : 소스

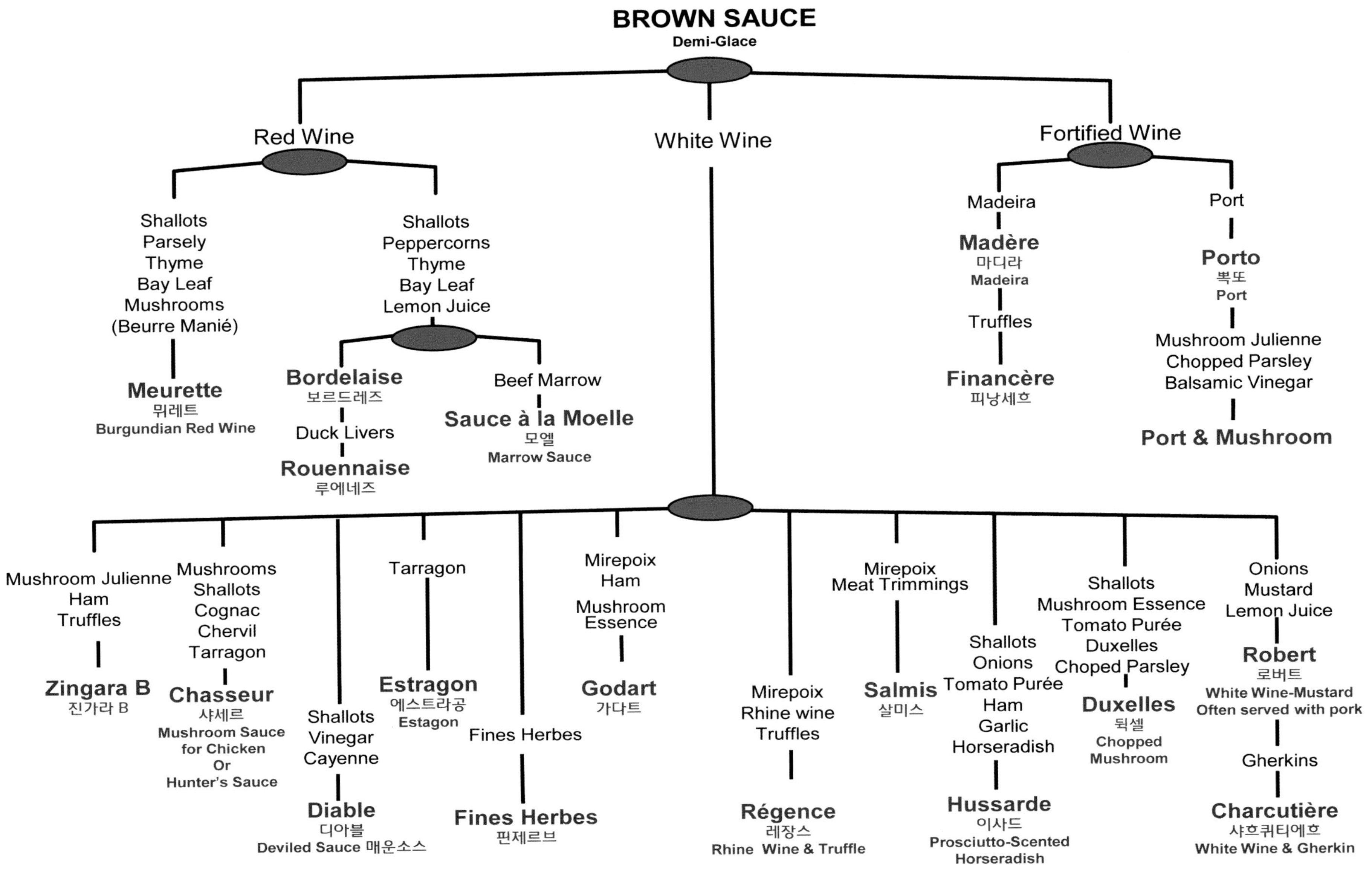
BROWN SAUCE
Demi-Glace
Red Wine
White Wine
Fortified Wine
Shallots
Parsely
Thyme
Bay Leaf
Mushrooms
(Beurre Manié)
Meurette
뮈레트
Burgundian Red Wine
Shallots
Peppercorns
Thyme
Bay Leaf
Lemon Juice
Bordelaise
보르드레즈
Duck Livers
Rouennaise
루에네즈
Beef Marrow
Sauce à la Moelle
모엘
Marrow Sauce
Madeira
Madère
마디라
Madeira
Truffles
Financère
피낭세흐
Port
Porto
뽁또
Port
Mushroom Julienne
Chopped Parsley
Balsamic Vinegar
Port & Mushroom
Mushroom Julienne
Ham
Truffles
Zingara B
진가라 B
Mushrooms
Shallots
Cognac
Chervil
Tarragon
Chasseur
샤세르
Mushroom Sauce
for Chicken
Or
Hunter's Sauce
Shallots
Vinegar
Cayenne
Diable
디아블
Deviled Sauce 매운소스
Tarragon
Estragon
에스트라공
Estagon
Fines Herbes
Fines Herbes
펀제르브
Mirepoix
Ham
Mushroom
Essence
Godart
가다트
Mirepoix
Rhine wine
Truffles
Régence
레장스
Rhine Wine & Truffle
Mirepoix
Meat Trimmings
Salmis
살미스
Shallots
Onions
Tomato Purée
Ham
Garlic
Horseradish
Hussarde
이사드
Prosciutto-Scented
Horseradish
Shallots
Mushroom Essence
Tomato Purée
Duxelles
Choped Parsley
Duxelles
뒥셀
Chopped
Mushroom
Onions
Mustard
Lemon Juice
Robert
로버트
White Wine-Mustard
Often served with pork
Gherkins
Charcutière
샤흐퀴티에흐
White Wine & Gherkin

브라운 소스류 2 Derivative Brown Sauces / 소고기, 닭고기, 송아지, 돼지고기에 어울림

● 검은색 : 식재료 ● 진한 빨간색 : 소스

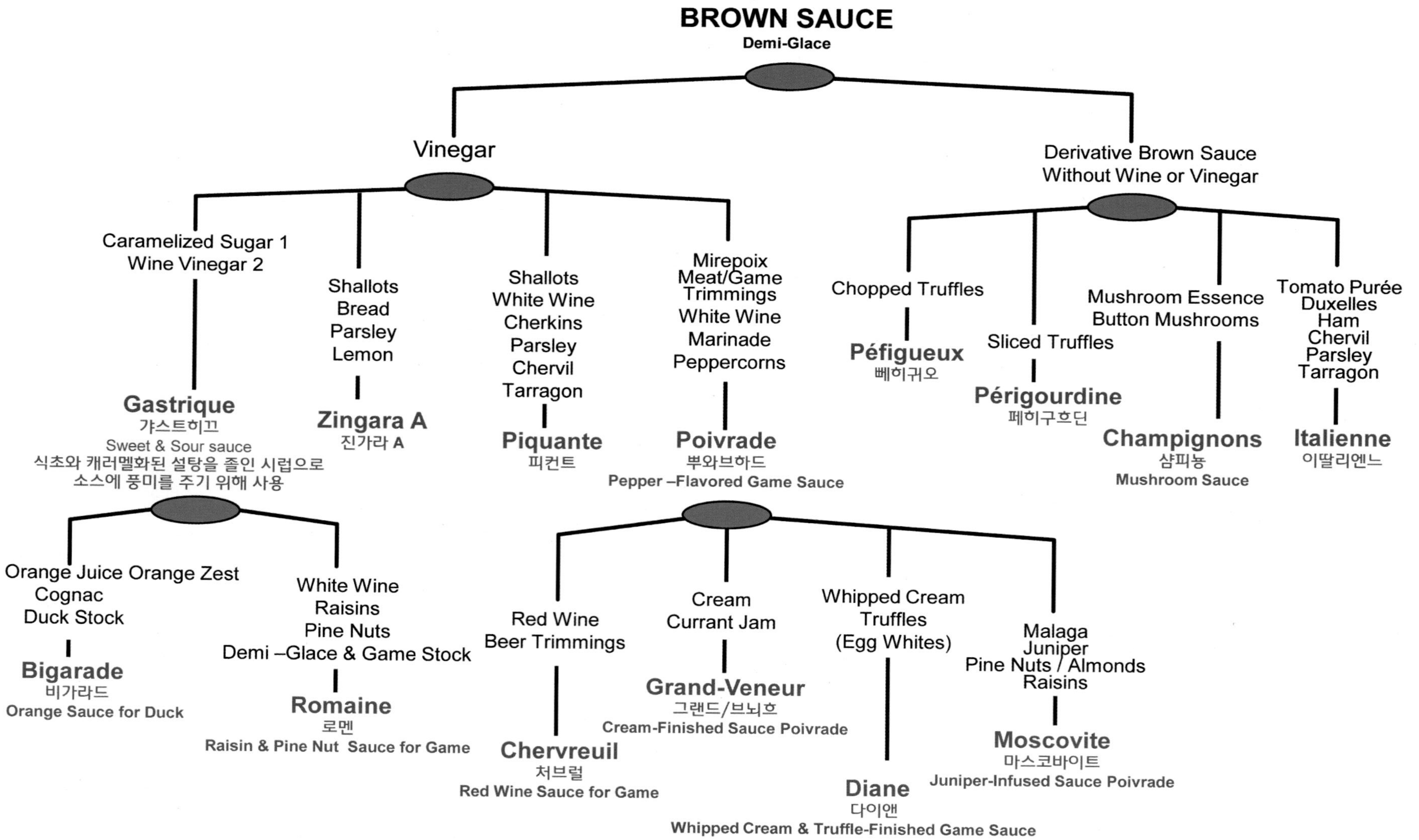

BROWN SAUCE
Demi-Glace
Vinegar
Derivative Brown Sauce
Without Wine or Vinegar
Caramelized Sugar 1
Wine Vinegar 2
Gastrique
갸스트히끄
Sweet & Sour sauce
식초와 캐러멜화된 설탕을 졸인 시럽으로
소스에 풍미를 주기 위해 사용
Shallots
Bread
Parsley
Lemon
Zingara A
진가라 A
Shallots
White Wine
Cherkins
Parsley
Chervil
Tarragon
Piquante
피컨트
Mirepoix
Meat/Game
Trimmings
White Wine
Marinade
Peppercorns
Poivrade
뿌와브하드
Pepper –Flavored Game Sauce
Chopped Truffles
Péfigueux
뻬히귀오
Sliced Truffles
Périgourdine
페히구흐딘
Mushroom Essence
Button Mushrooms
Champignons
샴피뇽
Mushroom Sauce
Tomato Purée
Duxelles
Ham
Chervil
Parsley
Tarragon
Italienne
이딸리엔느
Orange Juice Orange Zest
Cognac
Duck Stock
Bigarade
비가라드
Orange Sauce for Duck
White Wine
Raisins
Pine Nuts
Demi –Glace & Game Stock
Romaine
로멘
Raisin & Pine Nut Sauce for Game
Red Wine
Beer Trimmings
Chervreuil
처브럴
Red Wine Sauce for Game
Cream
Currant Jam
Grand-Veneur
그랜드/브뇌흐
Cream-Finished Sauce Poivrade
Whipped Cream
Truffles
(Egg Whites)
Diane
다이앤
Whipped Cream & Truffle-Finished Game Sauce
Malaga
Juniper
Pine Nuts / Almonds
Raisins
Moscovite
마스코바이트
Juniper-Infused Sauce Poivrade

브라운 소스 제조 공정 Preparing Stock-Based Brown Sauces

순서에 따라 재료를 선택하는 과정을 거치면 5,120개의 브라운 소스를 만들 수 있다.

다음 표는 위에서 아래로 순서에 따라 사다리 타기처럼 선택하여 내려가면 전통적인 브라운 소스나 현대의 다양한 브라운 소스 제조과정을 쉽게 이해할 수 있도록 만들었다.

소스를 제조할 때 박스에 있는 재료를 하나 혹은 두 개 이상 선택하여 제조과정을 거치게 되면 5,120개의 파생 브라운 소스를 만들 수 있다.

소스의 기본이 되는 풍미와 젤라틴을 추출하고 여기에 여러 풍미를 주는 재료를 넣어 끓여서 소스의 기본을 만들고 농후제를 선택한 후 다양한 가니시와 향을 첨가하여 소스를 만드는 과정을 거치게 되는데 각 과정에서 재료를 선택하여 소스를 만들 수 있다.

예를 들어 설명하면 다음과 같다.

기본 육수(미르포아, 샬롯, 햄, 미트 트리밍, 기타) 재료에 각종 와인과 식초 등을 넣어 4가지 기초 소스(쿨리, 데미글라스, 스톡, 미트 글라스)를 만든다. 묽은 소스 혹은 농후한 소스를 만들기 위해 농후제를 첨가하지 않거나 버터, 크림, 거위간 농후제를 첨가한다. 소스에 허브, 트러플, 버섯, 햄 등을 넣어 주고 마무리로 코냑, 식초, 마디라 와인, 각종 허브류를 넣어 최종적으로 소스를 만들게 된다.

Preparing Stock-Based Brown Sauces
브라운 소스 제조

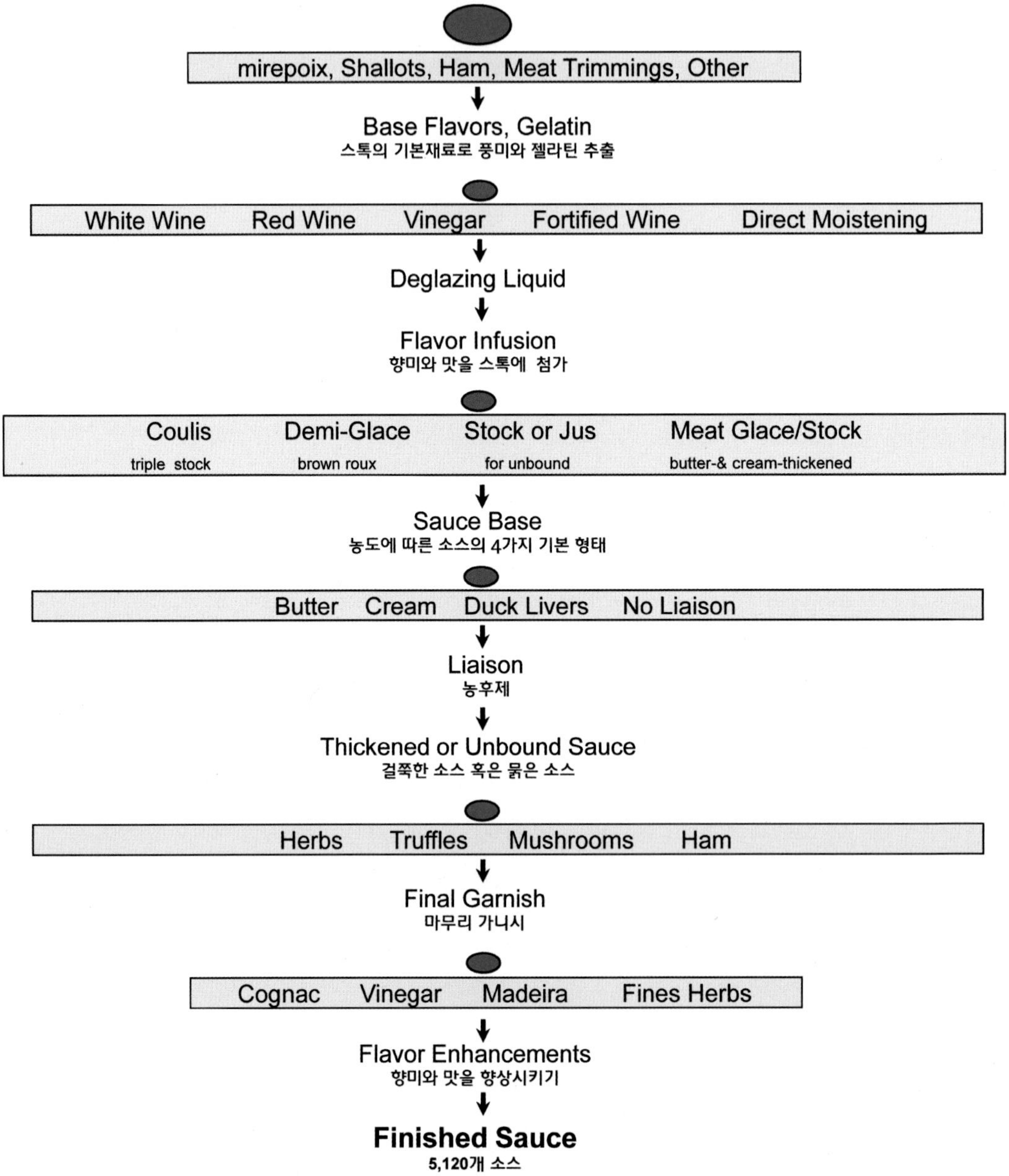
mirepoix, Shallots, Ham, Meat Trimmings, Other
Base Flavors, Gelatin
스톡의 기본재료로 풍미와 젤라틴 추출
White Wine
Red Wine
Vinegar
Fortified Wine
Direct Moistening
Deglazing Liquid
Flavor Infusion
향미와 맛을 스톡에 첨가
Coulis
triple stock
Demi-Glace
brown roux
Stock or Jus
for unbound
Meat Glace/Stock
butter-& cream-thickened
Sauce Base
농도에 따른 소스의 4가지 기본 형태
Butter
Cream
Duck Livers
No Liaison
Liaison
농후제
Thickened or Unbound Sauce
걸쭉한 소스 혹은 묽은 소스
Herbs
Truffles
Mushrooms
Ham
Final Garnish
마무리 가니시
Cognac
Vinegar
Madeira
Fines Herbs
Flavor Enhancements
향미와 맛을 향상시키기
Finished Sauce
5,120개 소스

2) 화이트 소스 Derivative White Sauces

화이트 루를 바탕으로 한 벨루테Veloute와 베샤멜Bechamel

화이트 소스는 송아지, 닭 스톡을 이용한 소스와 피시 스톡을 이용한 소스로 구분하여 도표를 만들었다. 그 이유는 화이트 스톡이냐 피시 스톡이냐에 따라 생산되는 벨루테가 다르고 생산된 각각의 벨루테에서 파생되는 소스가 다르기 때문이다.

(1) 벨루테 Veloute

벨루테veloute란 화이트 루Whiter roux에 스톡stock을 넣어 만든 대표적인 화이트 루 소스white roux sauce이다.

벨루테 소스를 풍미있고 부드럽게 만들기 위해서는 본래의 맛을 좌우하는 스톡의 품질이 중요하다. 스톡은 그 재료의 본래 맛이 부드러우면서 깊게 농축되어야 한다. 완성된 벨루테는 자연스러운 육수 향이 깃들여져 있고 밝은 상아색을 띠며 맛이 깊어야 한다.

벨루테 소스는 크게 알망드(리에종 사용)와 슈프림(크림 사용) 그리고 기타로 구분할 수 있다.

알망드는 화이트 송아지 스톡, 화이트 치킨 스톡, 혹은 다른 화이트 스톡을 이용해 벨루테를 만들고 달걀 노른자를 섞어서 만든다. 특히, 한국에서는 송아지 스톡을 이용해 만드는 것으로 알려졌다. 벨루테에 달걀 노른자를 넣어 농도를 맞춘 소스로 야채와 고기에 어울리는 소스이다. 양송이를 넣으면 샴피뇽 소스, 레몬을 넣으면 풀렛 소스, 화이트와인을 넣으면 레장스 소스, 양파를 넣으면 빌라즈와즈 소스가 된다.

슈프림 소스는 화이트 송아지 스톡, 화이트 치킨 스톡, 혹은 다른 화이트 스톡을 이용해 벨루테를 만들고 크림을 첨가하여 만든다. 특히, 한국에서는 화이트 치킨 스톡을 이용해 만든다. 치킨 벨루테 소스라고도 하며, 닭고기에 어울리는 소스로 닭의 구수한 향과 깊은 맛을 가지고 있다. 여기에 Meat Glace을 넣으면 이브아르 소스가 되고 페퍼를 넣게 되면 알뷔페하 소스가 된다.

그 밖에 벨루테에 첨가하는 재료에 따라 다양한 소스들을 만들 수 있다. 커리를 넣으면 커리소스, 토마토를 넣으면 오로르 소스, 타라곤을 넣으면 에스트라공 소스가 된다.

(2) 베샤멜 Béchamel

초기 베샤멜은 송아지 벨루테에 진한 크림을 첨가하여 만들었고 카렘 이후 화이트 루에 우유를 넣어 소스를 만드는 것을 베샤멜로 구분하였다. 우유와 루의 풍미가 지나치게 남아 있어서는 좋지 않다.

Béchamel Sauce는 만드는 방법은 모두 같고 쓰는 용도에 따라서 묽은 것과 중간의 걸쭉한 것이 있는데 밀가루의 양에 의해 구분된다.

Béchamel Sauce로서 생선이나 육류, 야채류를 코팅Coating하려면 평상시보다 농도가 조금 된 것이 좋다.

베샤멜에 양파 퓌레를 넣으면 수비즈 소스, 크림을 첨가하면 크림소스가 되고 치즈를 첨가하면 모르네이 소스가 된다. 갑각류 버터 중 크레이피시 버터가 들어가면 낭투아 소스, 랍스터 버터가 들어가면 카흐디날 소스가 된다.

(3) 버터, 달걀 노른자, 크림을 농후제로 사용한 화이트 소스

20세기 루(밀가루와 버터)의 사용을 자제하고 대안으로 사용하게 된 농후제가 버터, 달걀 노른자, 크림이다. 버터의 유분 속에는 소스를 농후하게 하는 성분들이 많아 스톡을 졸인 후 버터를 첨가하여 화이트 소스를 만들 수 있다. 또한 달걀 노른자와 크림을 이용하여 화이트 소스를 만들 수 있다.

화이트 소스류 1 Derivative White Sauces(Continue) / 야채, 파스타, 소고기, 닭고기, 갑각류 육수를 첨가할 경우 생선요리에 사용

● 검은색 : 식재료 ● 진한 빨간색 : 소스

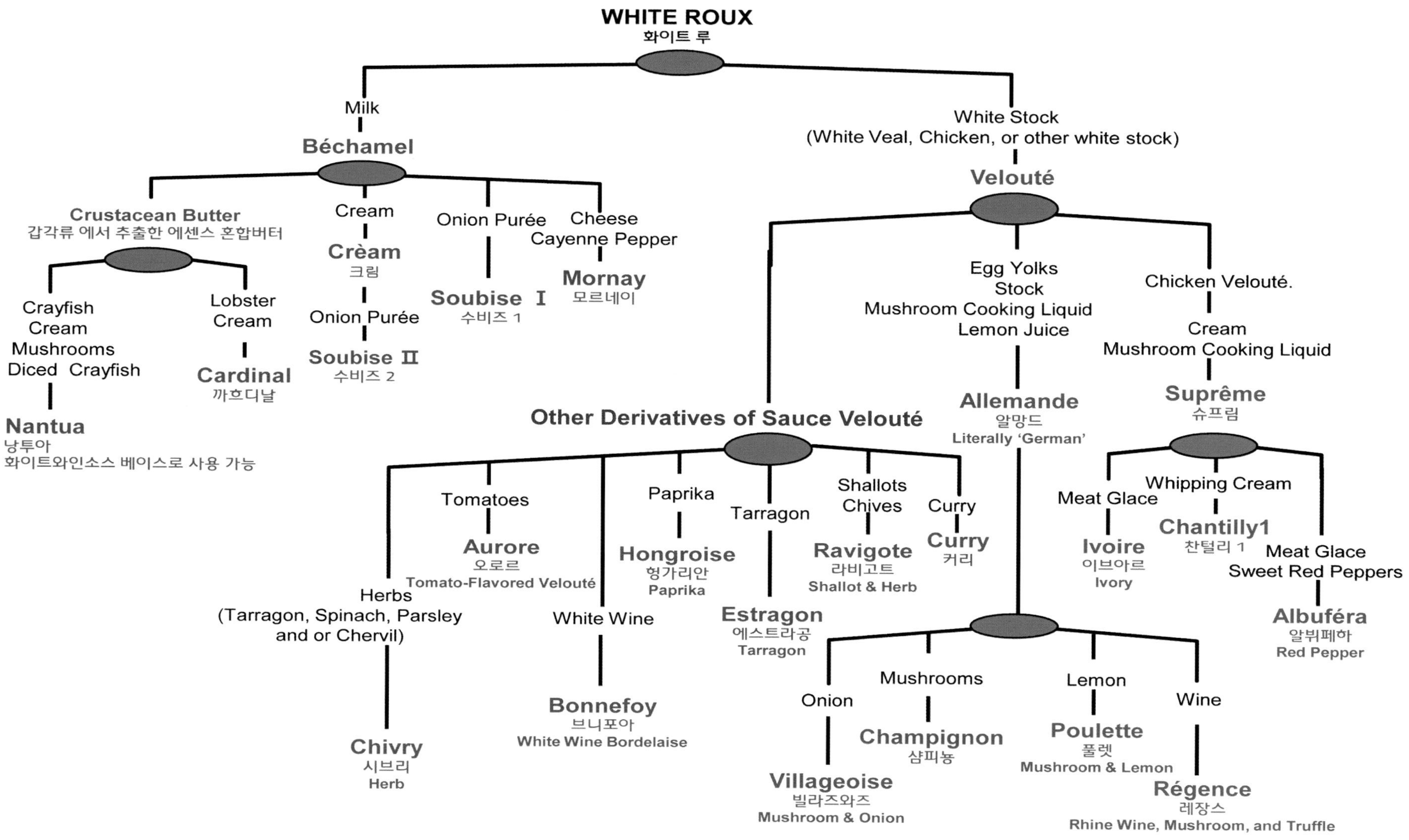

WHITE ROUX
화이트 루
Milk
Béchamel
Crustacean Butter
갑각류 에서 추출한 에센스 혼합버터
Crayfish
Cream
Mushrooms
Diced Crayfish
Nantua
낭투아
화이트와인소스 베이스로 사용 가능
Lobster
Cream
Cardinal
까흐디날
Cream
Crèam
크림
Onion Purée
Soubise II
수비즈 2
Onion Purée
Soubise I
수비즈 1
Cheese
Cayenne Pepper
Mornay
모르네이
White Stock
(White Veal, Chicken, or other white stock)
Velouté
Egg Yolks
Stock
Mushroom Cooking Liquid
Lemon Juice
Allemande
알망드
Literally 'German'
Chicken Velouté.
Cream
Mushroom Cooking Liquid
Suprême
슈프림
Meat Glace
Ivoire
이브아르
Ivory
Whipping Cream
Chantilly1
찬틸리 1
Meat Glace
Sweet Red Peppers
Albuféra
알뷔페하
Red Pepper
Other Derivatives of Sauce Velouté
Herbs
(Tarragon, Spinach, Parsley
and or Chervil)
Chivry
시브리
Herb
Tomatoes
Aurore
오로르
Tomato-Flavored Velouté
White Wine
Bonnefoy
브니포아
White Wine Bordelaise
Paprika
Hongroise
헝가리안
Paprika
Tarragon
Estragon
에스트라공
Tarragon
Shallots
Chives
Ravigote
라비고트
Shallot & Herb
Curry
Curry
커리
Onion
Villageoise
빌라즈와즈
Mushroom & Onion
Mushrooms
Champignon
샹피뇽
Lemon
Poulette
풀렛
Mushroom & Lemon
Wine
Régence
레장스
Rhine Wine, Mushroom, and Truffle

화이트 소스류 2 Derivative White Sauces / 야채, 파스타, 소고기, 닭고기에 주로 사용

● 검은색 : 식재료 ● 진한 빨간색 : 소스

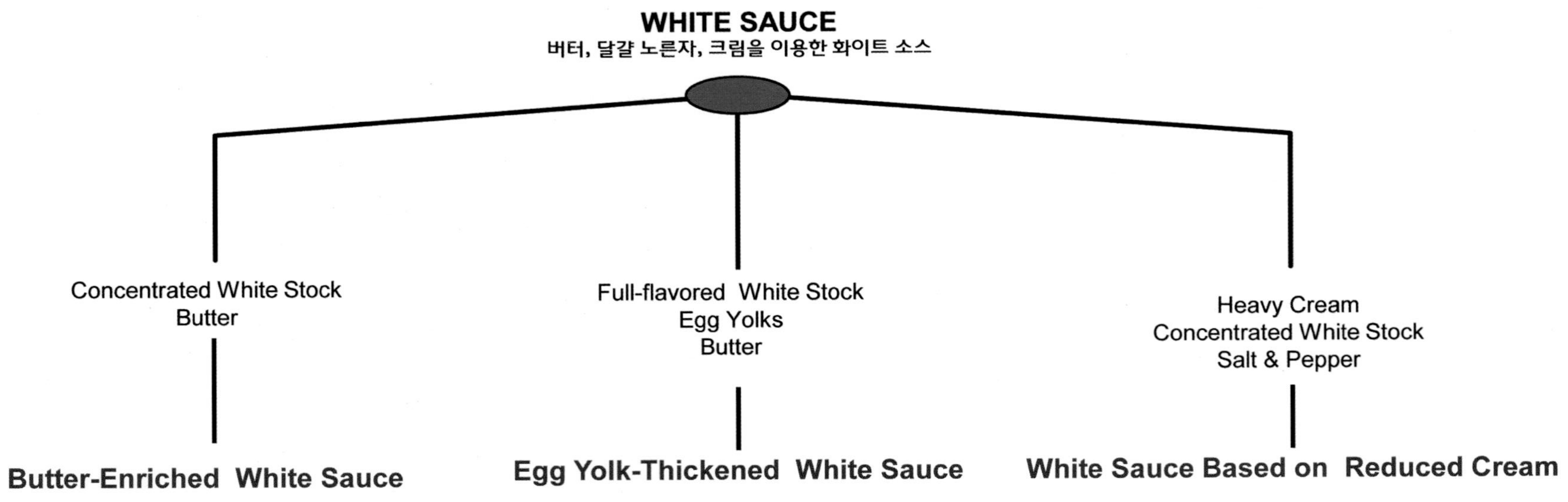
WHITE SAUCE
버터, 달걀 노른자, 크림을 이용한 화이트 소스
Concentrated White Stock
Butter
Butter-Enriched White Sauce
Full-flavored White Stock
Egg Yolks
Butter
Egg Yolk-Thickened White Sauce
Heavy Cream
Concentrated White Stock
Salt & Pepper
White Sauce Based on Reduced Cream

1. 표준 벨루테 레시피

Yield : 2L

• White veal, Chicken, Fish stock	2.5L
• White roux(fish veloute인 경우 쌀죽 사용가능)	250g

1. 스톡을 끓인다.
2. 루(또는 쌀죽)를 스톡에 넣고 덩어리가 지지 않도록 계속 저어준다.
3. 은근히 끓이기Simmering를 30~40분 하면서 계속 찌꺼기를 걸러준다.
4. 필요에 따라 간을 하고 소창Cheesecloth으로 걸러서 식힌다.

2. 표준 베샤멜 레시피

Yield : 1L

• Milk	1.5L
• White Roux	120g
• Onions, fine dice	30g
• Nutmeg, ground	1/4 tea spoon
• Salt, White pepper	to taste(맛을 보면서)

1. 우유를 끓어오르기 바로 전까지 끓인 후, 루에다 넣는다.
2. 끓이면서 잘 저어준다.
3. 양파를 따로 볶아서 첨가한다.
4. 30분간 은근히 끓여준다.
5. 넛맥를 약간 넣는다.
6. 체로 걸러준다.

〈마무리 과정〉

보관할 때 소스 표면에 버터를 발라 놓으면 소스 막이 형성되지 않는다.

3. 벨루테 파생소스 Veloute Variations

① 알뷔페하 소스 Albufera Sauce

Yield : 1L

• White veal stock	1L
• White roux	120g
• Chicken stock	1L
• Heavy cream	120g
• Glace de viand	180g
• Pimiento butter	60g

(red pimiento고추의 일종를 roast해서 butter와 합쳐 으깨서 뭉쳐 놓은 것이다.)

1. 화이트 빌 스톡과 루를 합쳐서 소스 냄비에 넣고, 불 위에서 부드러워질 때까지 저어준다.
2. 치킨 스톡을 넣고 은근히 끓여주면서 반으로 졸여준다.
3. 크림을 넣어 더욱 부드럽게 해준다.
4. 글라스 드 비앙드와 피망 버터를 소스에 넣어준다.

② 알망드 소스 Allemande Sauce

Yield : 1L

• Veloute, veal	1L
• Egg yolks	2ea
• Heavy cream	1/2 cup
• Lemon juice	1.5 tea spoon

1. 소스 팬에 벨루테를 넣고 천천히 졸여준다.
2. 달걀 노른자와 크림을 믹싱볼에 넣고 저어서 리에종Liaison을 만든다.
3. 적은 양의 리에종을 천천히 뜨거워진 벨루테에 넣으면서 저어준다.
4. 아주 약한 불로 천천히 끓여준다.
5. 레몬주스를 넣고 간한 다음 체에 걸러준다.

③ 알망드 소스의 변형

양송이 버섯 소스Champignon Sauce(White mushroom)

Yield : 1L

• Mushroom trimmings	250g
• Chicken stock	250ml
• Allemande sauce	1L
• Mushroom, sliced, sauteed	250g

1. 양송이Mushroom Trimming을 스톡에 넣고 양송이가 잘 익을 때까지 은근히 가열한 후 걸러준다.
2. 그 남은 국물을 반으로 졸인 후 알망드 소스에 넣는다.
3. 그 소스에 볶은 양송이 채를 넣고 간을 한다.

3) 고전 생선 소스 Classic French Fish Sauces

생선 소스에 이용할 수 있는 소스로 피시 스톡을 바탕으로 한 벨루테 소스와 레드와인을 이용한 소스 그리고 쿠르 브이용을 바탕으로 한 생선 소스가 있다.

(1) 생선 육수를 바탕으로 한 벨루테

생선 육수에 루를 첨가해 만든 고전 벨루테와 루를 사용하지 않는 현대적인 벨루테

에스코피에가 밀가루와 버터를 이용해 루를 사용하는 것을 체계화하여 사용한 이후 육수에 루를 첨가해서 소스의 농도를 맞추어 왔다. 이 후 밀가루의 사용을 자제하고자 하는 누벨퀴진 운동이 일어났고 밀가루를 사용하는 대신 버터, 크림, 달걀 노른자를 이용하여 소스를 만들게 되었다. 이것을 보기 쉽게 정리하고자 루Roux가 첨가되어 만든 소스를 고전 벨루테라고 하고 크림, 버터, 달걀 노른자를 첨가하여 농도를 맞춘 소스를 현대적인 벨루테 소스라고 부르도록 하겠다.

생선 벨루테 파생소스

생선 벨루테 소스는 첨가되는 재료에 따라 노르망드 소스, 엉슈와 소스, 크로베트 소스, 오마르 소스, 오로르 소스, 베르시 소스 등이 있다.

특히, 피시 스톡으로 만든 벨루테 소스에 갑각류 버터를 첨가하게 되면 크로베트, 오마르 소스가 된다. 베샤멜 소스에 갑각류 소스를 첨가하게 되면 낭투아 소스, 카흐디날 소스가 되는데 이것과는 풍미가 전혀 다른 소스이다. 피시 스톡에 달걀 노른자를 첨가하여 홀랜다이즈 스타일의 생선 소스를 만들 수 있다.

여기에 다양한 재료를 첨가하여 바바로아즈 소스, 쎙 말로 소스, 수셋 소스 등을 만들 수 있다.

(2) 레드와인을 첨가한 생선 소스

연어와 같이 독특한 풍미를 갖는 주재료와 어울리는 소스로는 레드와인을 이용한 생선 소스가 있다. 연어 뼈와 살에 레드와인을 첨가하여 풍미가 강하고 독특한 레드와인 생선 소스를 만들 수 있다.

(3) 쿠르 브이용을 이용한 생선 소스

생선 벨루테에 당근, 셀러리악, 대파로 만든 쿠르 브이용을 첨가하고 양송이와 케이엔 페퍼를 첨가하여 메틸로티 블랜체 소스를 만들 수 있다.

전통 생선 소스 1 Classic French Fish Sauces(Continue) / 생선요리에 사용함

● 검은색 : 식재료 ● 진한 빨간색 : 소스

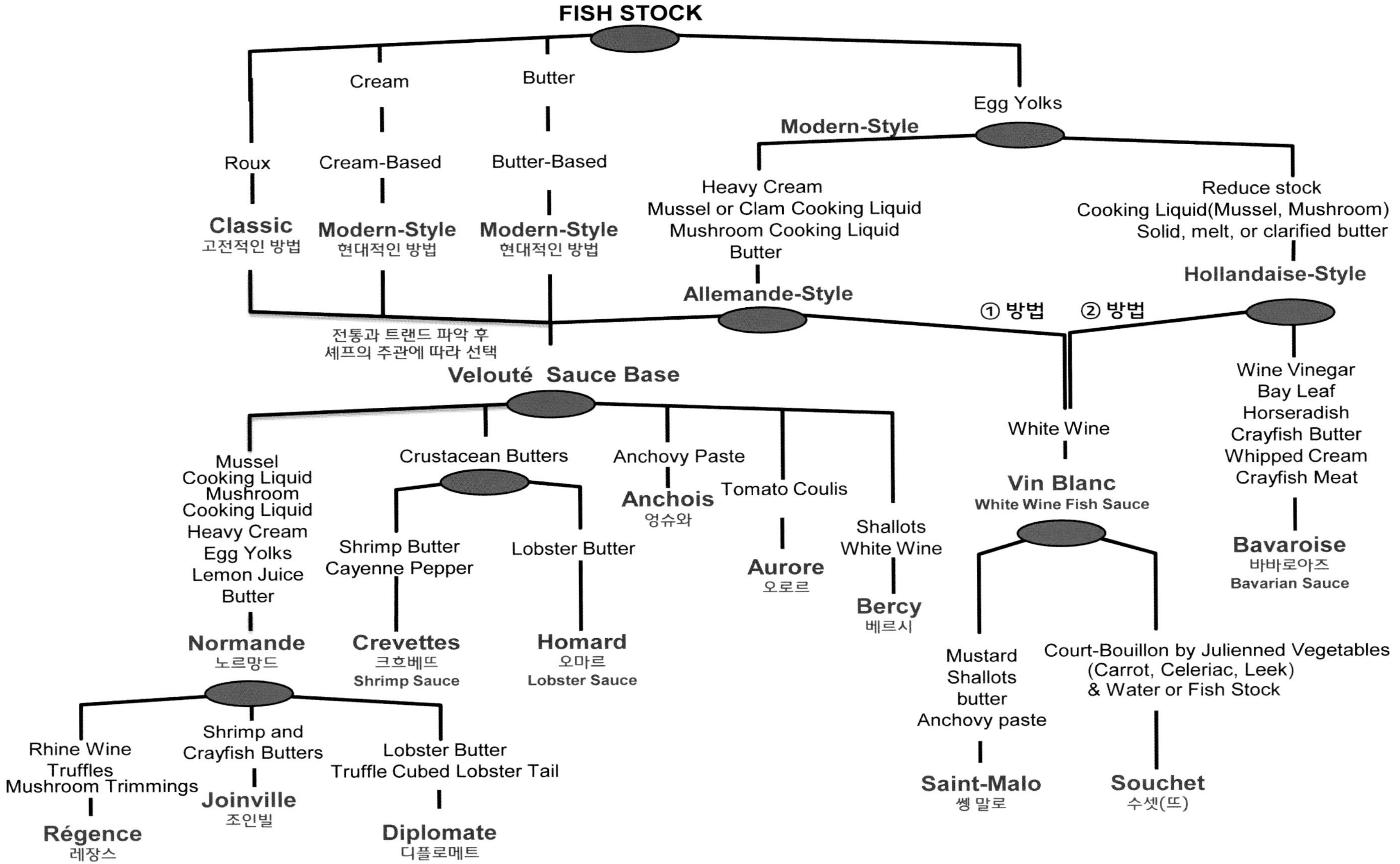

FISH STOCK
Cream
Butter
Egg Yolks
Modern-Style
Roux
Cream-Based
Butter-Based
Classic
고전적인 방법
Modern-Style
현대적인 방법
Modern-Style
현대적인 방법
Heavy Cream
Mussel or Clam Cooking Liquid
Mushroom Cooking Liquid
Butter
Reduce stock
Cooking Liquid(Mussel, Mushroom)
Solid, melt, or clarified butter
Hollandaise-Style
Allemande-Style
① 방법
② 방법
전통과 트랜드 파악 후
셰프의 주관에 따라 선택
Velouté Sauce Base
Wine Vinegar
Bay Leaf
Horseradish
Crayfish Butter
Whipped Cream
Crayfish Meat
White Wine
Mussel
Cooking Liquid
Mushroom
Cooking Liquid
Heavy Cream
Egg Yolks
Lemon Juice
Butter
Crustacean Butters
Anchovy Paste
Anchois
엉슈와
Tomato Coulis
Vin Blanc
White Wine Fish Sauce
Shallots
White Wine
Shrimp Butter
Cayenne Pepper
Lobster Butter
Aurore
오로르
Bavaroise
바바로아즈
Bavarian Sauce
Bercy
베르시
Normande
노르망드
Crevettes
크흐베뜨
Shrimp Sauce
Homard
오마르
Lobster Sauce
Mustard
Shallots
butter
Anchovy paste
Court-Bouillon by Julienned Vegetables
(Carrot, Celeriac, Leek)
& Water or Fish Stock
Rhine Wine
Truffles
Mushroom Trimmings
Shrimp and
Crayfish Butters
Lobster Butter
Truffle Cubed Lobster Tail
Saint-Malo
쎙 말로
Souchet
수셋(뜨)
Joinville
조인빌
Régence
레장스
Diplomate
디플로메트

전통 생선 소스 2 Classic French Fish Sauces / 생선요리에 사용함

● 검은색 : 식재료 ● 진한 빨간색 : 소스

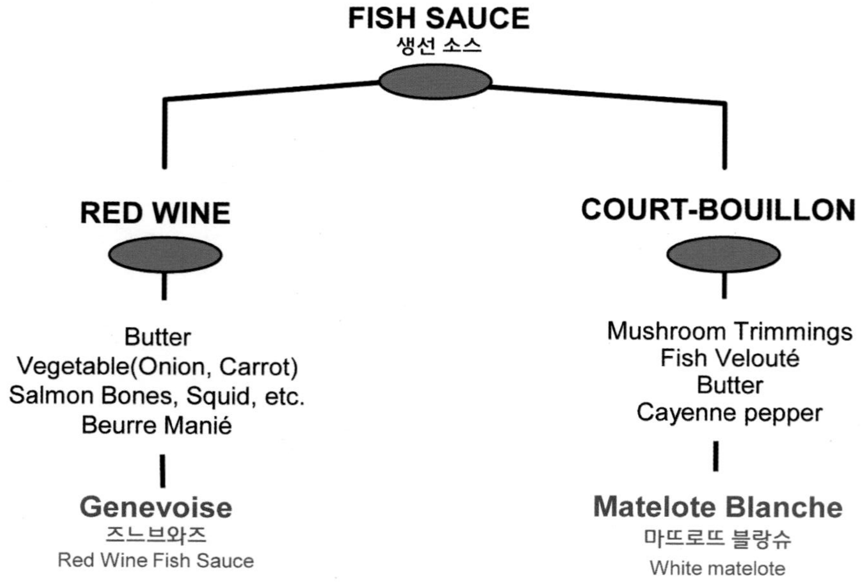
FISH SAUCE
생선 소스
RED WINE
Butter
Vegetable(Onion, Carrot)
Salmon Bones, Squid, etc.
Beurre Manié
Genevoise
즈느브와즈
Red Wine Fish Sauce
COURT-BOUILLON
Mushroom Trimmings
Fish Velouté
Butter
Cayenne pepper
Matelote Blanche
마뜨로뜨 블랑슈
White matelote

생선 육수를 이용한 생선 소스들

1. 생선 벨루테 Fish Veloute

Yield : 1L

• Butter	100g
• Flour (or Rice flour)	100g
• Fish stock	2L

1. 소스 팬에 버터를 색이 안 나게 녹인다.
2. 밀가루(체에 쳐서 사용)를 첨가하여 나무주걱으로 젓는다.
3. 색이 안 나게 잘 저어 색이 흰색일 때 불에서 내려 놓는다.
4. 피시 스톡을 끓여 준비한 루에 조금씩 붓는다. 거품기로 저어 덩어리가 없게 만든다.
5. 피시 스톡을 다 부은 다음 10분 정도 끓여서 체로 걸러 생선 소스로 사용한다. (장시간 보관할 크림소스의 경우에는 소금, 후추는 안하는 것이 좋다. 왜냐하면 소금은 크림을 분리시킬 염려가 있고, 사용할 때 크림을 첨가하여 맛을 돋울 수 있다.)

2. 화이트와인 소스 White Wine Sauce

Yield : 5L

• Fish stock	5L
• Parsley stems	20g
• White wine	700ml
• Mushroom, trimming	500g
• Fresh cream	3L
• Bay leave	2ea
• Beurre manie	100g

1. 피시 스톡에 화이트와인과 양송이, 파슬리줄기를 넣어 1/3 정도 은근히 졸인다.
2. 크림을 넣어 10분 정도 졸인 후 소금, 후추를 넣어 버터 마니에(버터 + 밀가루 혼합물)로 농도를 맞추어 걸러서 식혔다가 사용한다.
3. 농도를 맞춘 다음 오래 끓이면 안 된다.
4. 피시 스톡이 비린내가 나면 안 좋다.

3. 베르시 소스 Bercy Sauce

Yield : 200ml

• Fish stock	100ml
• Shallot chopped	1 tsp
• Fresh cream	50g
• Parsley chopped	1/2 tsp
• White wine sauce	100ml
• Butter	10g
• Lemon juice	1/4ea
• Salt, Pepper	to taste

1. 소스 냄비에 마늘, 샬롯이나 양파 다진 것을 버터로 볶는다.
2. 피시 스톡과 화이트와인을 넣어 반으로 졸여 준다.
3. 생크림을 넣고 파슬리 다진 것을 넣는다.
4. 후레쉬 레몬주스로 간을 조절한 다음 사용한다.

노르망드 소스 Sauce Normande

벨루테에 달걀 노른자를 첨가하여 만든 노르망드 소스

밀가루와 버터를 사용하여 루를 만들고 피시 스톡과 섞어 생선 벨루테를 만들어 달걀 노른자를 첨가하여 만든 전통적인 노르망드 소스는 오늘날 레스토랑에서 많이 사용되지는 않는다. 최근에는 생선 소스에는 밀가루를 사용하지 않고 크림, 버터, 달걀 노른자 3가지 농후제를 사용하여 아래와 같이 3가지 스타일로 만든다. 노르망드 소스는 생선 육수와 홍합, 조개 육수, 그리고 버섯 육수를 졸여 풍부한 맛을 가진 육수로 농축한 다음 크림, 버터, 달걀 노른자를 첨가하여 만든다.

1. 전통적인 노르망드 소스 레시피(1리터)

• Fish velouté	3 cup
• Mushroom cooking liquid	½ cup
• Mussel cooking liquid	½ cup
• Fresh fish stock	1 cup
• Heavy cream	1½ cup
• Egg yolks	5
• Lemon juice	2t
• Butter	125g
• Salt and pepper	to taste

2. 현대적인 노르망드 소스 레시피 3가지

① 크림을 이용한 노르망드 소스(1리터)

• Fresh fish stock	2 cup
• Mushroom cooking liquid	1 cup
• Mussel or clam cooking liquid	1 cup
• **Heavy cream**	**1L**
• Butter	125g
• Salt and pepper	to taste

*크림을 이용한 노르망드 소스는 현대 슈프림 소스와 유사하다고 할 수 있다.

② 버터를 이용한 노르망드 소스(1리터)

• Fresh fish stock	2 cup
• Mussel or clam cooking liquid	1 cup
• Mushroom cooking liquid	1 cup
• Heavy cream	250ml
• **Cold Butter**	**500g**
• Salt and pepper	to taste

③ 달걀 노른자를 이용한 노르망드 소스 레시피

③-1. 알망드 소스 스타일 노르망드 소스

• Fresh fish stock	2 cup
• Mussel or clam cooking liquid	1 cup
• Mushroom cooking liquid	1 cup
• Heavy cream	½ cup
• **Egg yolks**	**8**
• Cold Butter	125g
• Salt and pepper	to taste

③-2. 홀랜다이즈 스타일

• Fresh fish stock	2 cup
• Mussel or clam cooking liquid	1 cup
• Mushroom cooking liquid	½ cup
• **Egg yolks**	**4**
• Solid, melt, or clarified butter	250g
• Salt and pepper	to taste

4) 유화 소스 Emulsion Sauce

유화 소스의 '에멀전emulsion'은 '젖을 짜다'라는 뜻의 라틴어 어원에서 나왔다.

원래는 견과류를 비롯한 식물조직과 열매를 압착해서 짜낸 우유처럼 생긴 액체를 말한다. 견과류에서 짜낸 액체, 우유, 크림, 달걀 노른자는 천연 유화액이다. 또한 버터도 유화제 구실을 하는 물질들에 둘러싸여 있는 천연 유화제이다.

뜨거운 달걀 소스인 홀랜다이즈와 베어네이즈 및 파생소스들은 달걀을 유화한 버터 소스이다.

이 소스들은 차가운 마요네즈와 비슷하지만 버터가 굳지 않도록 하기 위해 따뜻하게 유지해야 한다.

홀랜다이즈와 베어네이즈의 차이점은 양념에 있다.

홀랜다이즈는 레몬즙으로만 약하게 풍미를 내주고 있는 반면, 베어네이즈는 와인, 식초, 타라곤, 샬롯 등을 넣고 졸인 시큼하고 향이 짙은 농축액으로 만든다.

(1) 홀랜다이즈 Hollandaise Sauce

오래된 홀랜다이즈 레시피에는 식초 리덕션Vinegar reduction을 사용하고 최근에는 식초 리덕션을 사용하지 않고 레몬주스만을 넣는다.

오래된 홀랜다이즈 레시피에는 샬롯, 식초, 페퍼콘을 넣어 졸여 향초물을 만들고 중탕하여 달걀 노른자를 거품낸 후 정제버터를 실처럼 조금씩 넣어가면서 소스를 만든다.

마지막에 레몬주스를 넣어 색과 농도를 맞추어 준다.

홀랜다이즈 소스에 오렌지 제스트Zest와 오렌지주스를 넣으면 말테즈 소스가 되고, 누아제트 버터(버터를 가열하여 갈색으로 만듦)를 첨가하면 누아제트 소스가 된다. 크림을 첨가하면 무슬린 소스가 된다.

(2) 베어네이즈 Bearnaise Sauce

타라곤, 식초, 페퍼콘, 샬롯, 화이트와인을 넣어 졸여 타라곤 향초물을 만든다. 스테인리스볼을 중탕시켜 달걀 노른자와 향초물을 섞어준 후 부풀어 오를 때까지 계속 저어준다. 이후 정제버터를 실같이 부어가면서 젓는다. 마지막으로 타라곤과 처빌을 넣어준다.

베어네이즈 소스에 그라스드 비앙드를 첨가하면 포요트 소스, 토마토를 첨가하면 쇼롱 소스가 된다.

베어네이즈 소스에 오일과 버터, 토마토 퓌레를 첨가하면 티로리앵 소스가 된다.

(3) 홀랜다이즈와 베어네이즈 만들기 5가지 방법

소스를 만드는 방법에는 다음과 같은 5가지 방법이 있다.

첫째, 앙또앙 카렘의 조리법으로 물 기반 재료와 달걀을 먼저 걸쭉한 농도로 익힌 다음, 통 버터를 조금을 떼어 저어 넣으면서 버터 지방을 유화시킨다.

둘째, 오귀스트 에스코피에의 방법으로 노른자와 물 기반 재료를 데우고, 통 버터 혹은 정제버터를 저어 넣은 다음 혼합물을 원하는 질감이 될 때까지 저어준다.

셋째, 가장 간단한 방법으로 소스의 재료들을 한꺼번에 소스 팬에 넣은 다음 불을 켜고 저어준다. 버터와 달걀에 열이 가해지면서 버터가 서서히 녹으면서 달걀 속으로 퍼져가며 농도가 나온다.

넷째, 노른자를 익히지 않고 버터 마요네즈를 만드는 방법이다. 버터가 녹을 정도로 물 기반 재료와 노른자를 따뜻하게 만든 후에 정제버터를 넣어가며 농도를 내준다.

다섯째, 사바용 소스 제조방법으로 만든다. 가벼운 거품이 나도록 달걀 노른자와 물 약간을 중탕시켜서 휘저은 다음 정제버터와 레몬즙을 넣어준다. 이 방법은 다른 제조방법보다 가벼운 소스를 만들 수 있다.

달걀 노른자를 이용한 파생소스 Derivative Emulsified Egg Yolk Sauces / 생선, 달걀, 고기, 야채요리에 응용 가능함

● 검은색 : 식재료 ● 진한 빨간색 : 소스

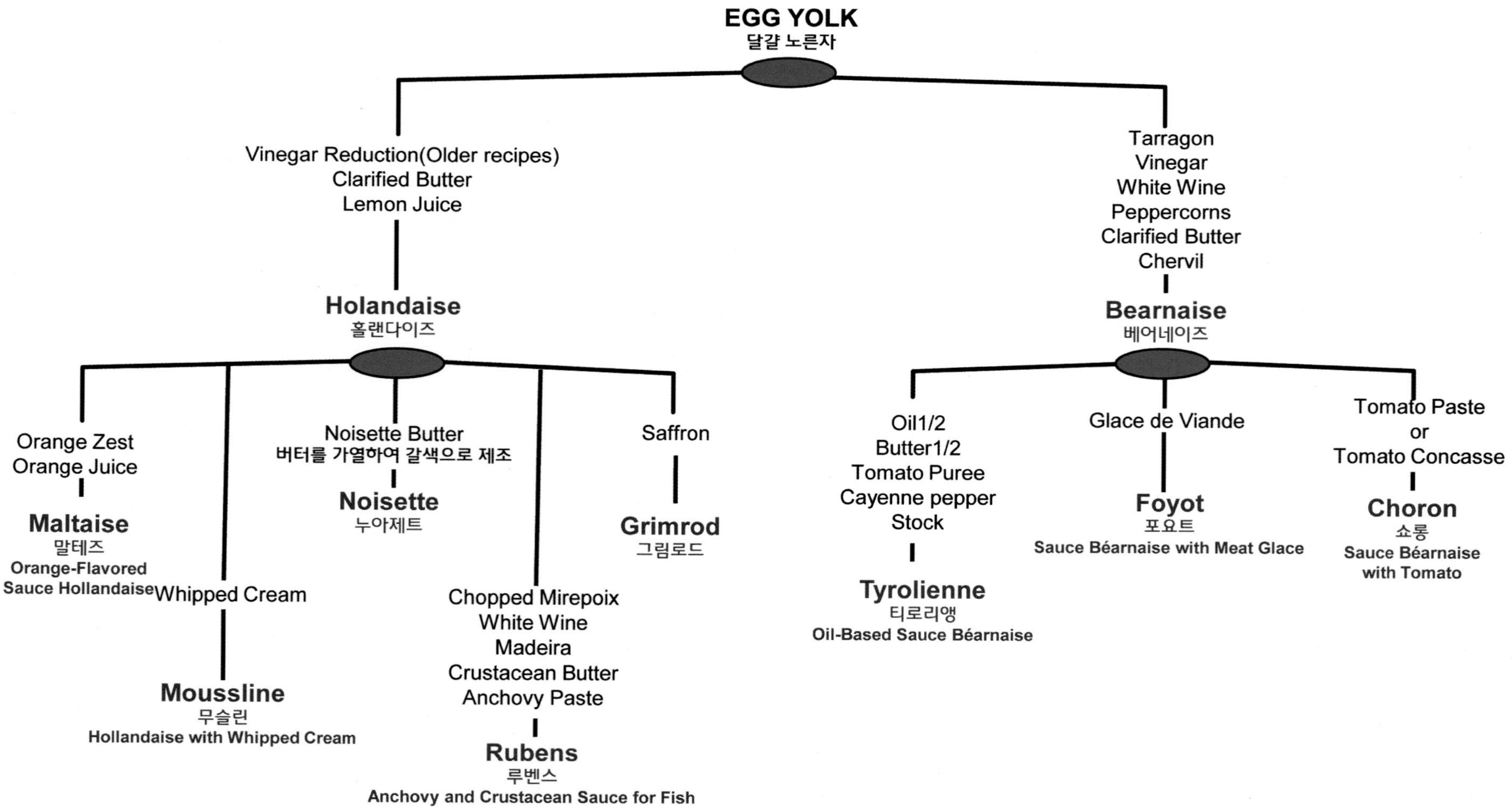
EGG YOLK
달걀 노른자
Vinegar Reduction(Older recipes)
Clarified Butter
Lemon Juice
Holandaise
홀랜다이즈
Orange Zest
Orange Juice
Maltaise
말테즈
Orange-Flavored
Sauce Hollandaise
Whipped Cream
Mousslline
무슬린
Hollandaise with Whipped Cream
Noisette Butter
버터를 가열하여 갈색으로 제조
Noisette
누아제트
Chopped Mirepoix
White Wine
Madeira
Crustacean Butter
Anchovy Paste
Rubens
루벤스
Anchovy and Crustacean Sauce for Fish
Saffron
Grimrod
그림로드
Tarragon
Vinegar
White Wine
Peppercorns
Clarified Butter
Chervil
Bearnaise
베어네이즈
Oil1/2
Butter1/2
Tomato Puree
Cayenne pepper
Stock
Tyrolienne
티로리앵
Oil-Based Sauce Béarnaise
Glace de Viande
Foyot
포요트
Sauce Béarnaise with Meat Glace
Tomato Paste
or
Tomato Concasse
Choron
쇼롱
Sauce Béarnaise
with Tomato

유화 소스

1. 홀랜다이즈 Hollandaise Sauce

Yield : 600ml

• Shallots, chopped(older recipes)	1 table spoon
• Cider vinegar(older recipes)	60ml
• Whole black peppercorns, crushed (older recipes)	1 tea spoon
• Water	120ml
• Egg yolks	6ea
• Clarified butter, warm	500ml
• Lemon juice	2 tea spoon

1. 샬롯, 식초, 물, 페퍼콘 으깬 것를 냄비에 넣고 졸여준 후 체에 거른다(오래된 레시피에는 식초 리덕션을 사용하고 오늘날에는 식초 리덕션은 사용하지 않고 레몬주스만 첨가해서 만든다.)
2. 스테인리스 믹싱볼 안에 달걀 노른자를 넣고 리덕션 액체를 첨가한다.
3. 중탕하는 물은 끓지 않아야 하며 계속 거품기로 저어준다.
4. 어느 정도 거품상태로 올라오면, 불에서 내리고, 따뜻한 버터를 천천히 부어주면서 저어준다.
5. 레몬주스를 넣고 간을 해준다(소스가 망쳐졌을 때는 1 티스푼 찬물을 넣고 거품기로 저어주면 다시 되살릴 수 있다).

2. 베어네이즈 Bearnaise Sauce

Yield : 600ml

Reduction :

• Shallots, chopped	1 table spoon
• Whole black peppercorns, crushed	1 tea spoon
• Tarragon leaves	1 table spoon
• Tarragon vinegar	90ml
• White wine	90ml
• Water	120ml
• Egg yolks	6ea
• Clarified butter, warm	350g
• Tarragon, chopped	2 table spoons
• Chervil, chopped	2 table spoons

1. 샬롯, 페퍼콘, 타라곤, 식초, 와인을 소스 냄비에 넣고 졸여준다.
2. 뜨거운 물을 졸여준 향촛물에 넣는다.
3. 향촛물을 달걀 노른자에 넣고 스테인리스 믹싱볼에서 부풀어 오를 때까지 계속 저어준다.
4. 천천히 따뜻한 정제버터를 넣어주면서 젓는다.
5. 타라곤 찹과 처빌 찹을 넣고 소금으로 간한다.

5) 마요네즈 Mayonnise-Based Sauces

마요네즈는 달걀 노른자의 레시틴 성분이 기름 속의 물을 잡도록 한 반고체 소스이다.

마요네즈는 달걀 노른자, 레몬즙 또는 식초, 물, 겨자를 넣어 만든 반고체 소스이다.

마요네즈 첨가 재료 중 겨자는 마요네즈의 유화액을 안정시키는 입자와 탄수화물을 제공한다.

마요네즈는 부피의 80%가 기름방울로 구성되어 있다. 이는 달걀 노른자에 있는 레시틴 성분이 기름 속의 물을 잡도록 돕기 때문이며 고전적인 레시피에는 달걀 노른자 1개에 1컵의 기름을 유화시키는 것으로 되어 있으나 달걀 노른자 1개로 10컵 이상의 기름을 유화시킬 수 있다.

모든 재료를 상온에서 보관했다가 마요네즈를 만든다.

마요네즈를 만들 때 달걀은 냉장고에서 꺼내어 2~3시간 상온에 보관했다가 만드는 것이 좋다.

모든 재료들이 상온에 있는 것들로 만드는 것이 좋다. 재료들이 미지근해야 노른자 입자들의 유화제 성분들이 기름방울들의 표면에 빠르게 전달되어 쉽게 소스가 된다.

처음에 달걀 노른자와 소금만 넣고 핸드 믹서기를 돌리다가 뻑뻑해지면 나머지 재료인 레몬즙, 물, 겨자를 넣는다. 이렇게 되면 마요네즈가 뻑뻑하게 만들어진다.

고전적인 마요네즈로 8가지 이상의 파생소스를 만들 수 있다.

마요네즈는 모체소스로 다양한 목적에 의해 파생 마요네즈 소스를 만들 수 있기에 확연히 구별되는 강한 향과 맛을 지니고 있는 기름을 사용하지 않는다. 다음 표에서 보여지듯이 달걀 노른자에 레몬즙, 물, 그리고 종종 겨자로 구성된 기반 물질에 양질의 기름을 사용하여 만든다.

전통적으로 마요네즈로 8가지 이상의 파생소스를 만들 수 있다.

첫째, 야채 녹즙을 넣어 그린 마요네즈를 만들 수 있다. 시금치와 물냉이 그리고 파슬리를 데쳐 믹서기로 갈아 녹즙을 내서 마요네즈에 첨가하면 된다.

둘째, 마늘 페이스트를 넣어 마늘 마요네즈를 만든다.

셋째, 토마토 퓌레와 붉은 피망을 넣어 앙달루즈Andalouse를 만든다.

넷째, 크림을 거품기로 쳐서 마요네즈에 넣어 찬털리Chantilly를 만든다.

다섯째, 케이퍼와 허브 등을 넣어 레몰라드Rémoulade를 만든다.

여섯째, 다양한 머스타드를 첨가하여 머스타드 풍미의 마요네즈를 만든다.

일곱째, 사과 퓌레와 호스래디시를 넣어 수에두와즈를 만든다.

여덟째, 달걀 노른자를 다져 넣어 타르타르와 그리비슈를 만든다.

오늘날에는 건강을 생각하여 강한 향과 맛을 지니고 있는 좋은 품질의 기름을 사용하여 마요네즈를 만든다.

마요네즈에 건강에 좋고 강한 향과 맛을 가지고 있는 오일과 야채 퓌레 그리고 요거트 · 후레쉬 치즈 등을 넣어 주거나 달걀 없이 마요네즈를 만들어 그릴 위에서 구워진 야채나 야채요리의 디핑 소스로 활용된다.

마요네즈 만들 때 사용하는 오일은 엑스트라 버진 올리브 오일, 호도 오일, 헤이즐넛 오일, 참기름, 포도씨 오일, 땅콩 오일 등이다. 헤이즐넛 오일을 넣어 마요네즈를 만들면 헤이즐넛 마요네즈가 된다. 마요네즈에 다양한 야채 퓌레를 넣어 만들기도 하고 요거트 · 후레쉬 치즈를 넣어 만든 마요네즈에 커리 파우더를 넣어 커리 · 요거트 마요네즈를 만들기도 한다.

달걀을 넣지 않고 야채 퓌레, 후레쉬 치즈, 크림 치즈, 올리브 오일에 삶은 감자를 넣어 달걀 무 첨가 마요네즈를 만들어 사용하기도 한다.

고전적인 마요네즈 파생소스 Derivative Mayonnaise–Based Sauces / 샐러드, 치킨돈까스, 닭튀김, 튀긴감자, 야채 등에 응용 가능함

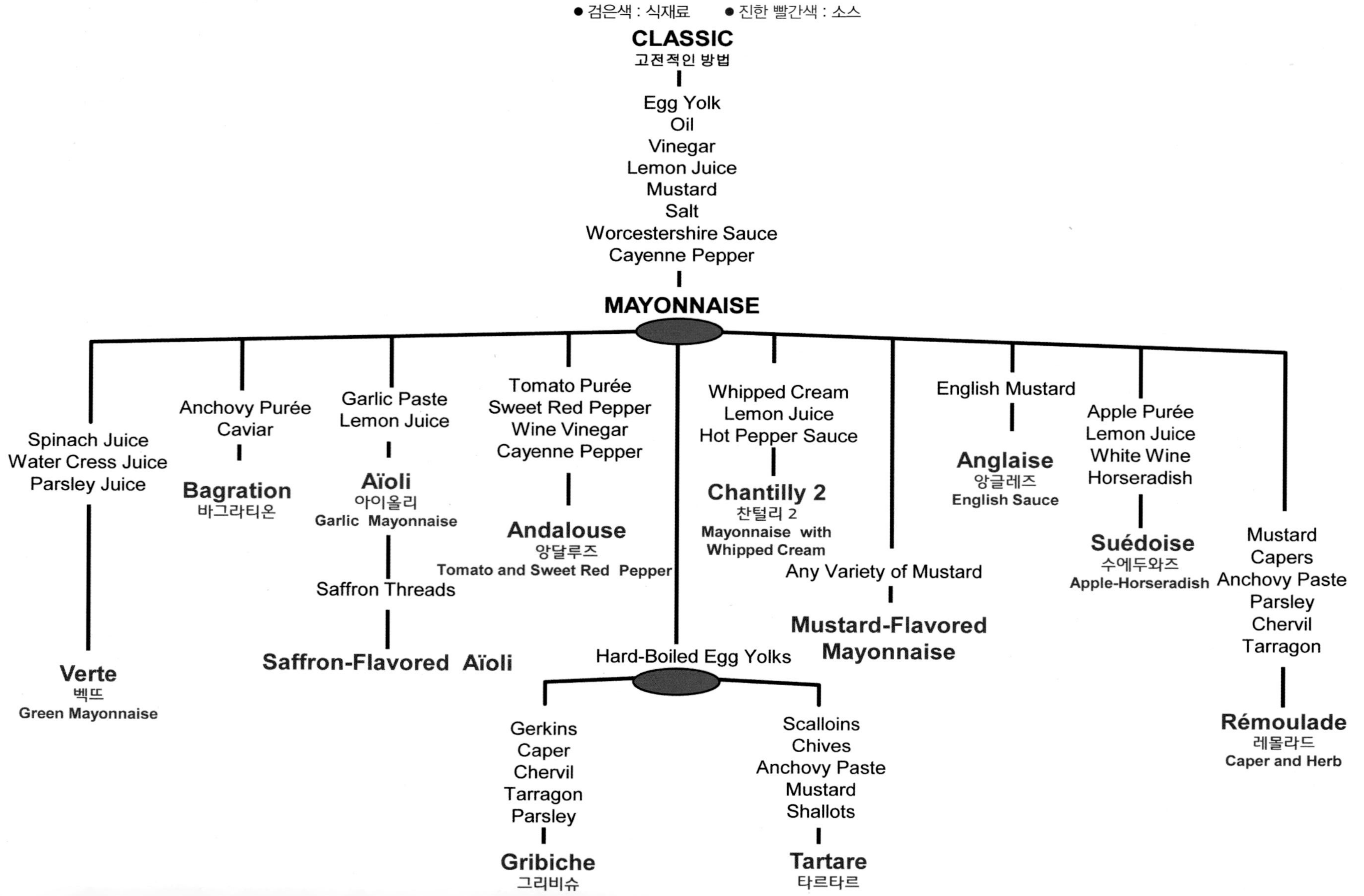
● 검은색 : 식재료 ● 진한 빨간색 : 소스
CLASSIC
고전적인 방법
Egg Yolk
Oil
Vinegar
Lemon Juice
Mustard
Salt
Worcestershire Sauce
Cayenne Pepper
MAYONNAISE
Spinach Juice
Water Cress Juice
Parsley Juice
Verte
벡뜨
Green Mayonnaise
Anchovy Purée
Caviar
Bagration
바그라티온
Garlic Paste
Lemon Juice
Aïoli
아이올리
Garlic Mayonnaise
Saffron Threads
Saffron-Flavored Aïoli
Tomato Purée
Sweet Red Pepper
Wine Vinegar
Cayenne Pepper
Andalouse
앙달루즈
Tomato and Sweet Red Pepper
Hard-Boiled Egg Yolks
Gerkins
Caper
Chervil
Tarragon
Parsley
Gribiche
그리비슈
Scalloins
Chives
Anchovy Paste
Mustard
Shallots
Tartare
타르타르
Whipped Cream
Lemon Juice
Hot Pepper Sauce
Chantilly 2
찬틸리 2
Mayonnaise with
Whipped Cream
Any Variety of Mustard
Mustard-Flavored
Mayonnaise
English Mustard
Anglaise
앙글레즈
English Sauce
Apple Purée
Lemon Juice
White Wine
Horseradish
Suédoise
수에두와즈
Apple-Horseradish
Mustard
Capers
Anchovy Paste
Parsley
Chervil
Tarragon
Rémoulade
레몰라드
Caper and Herb

현대의 마요네즈 소스 Derivative Mayonnaise–Based Sauces / 샐러드에 응용 가능함

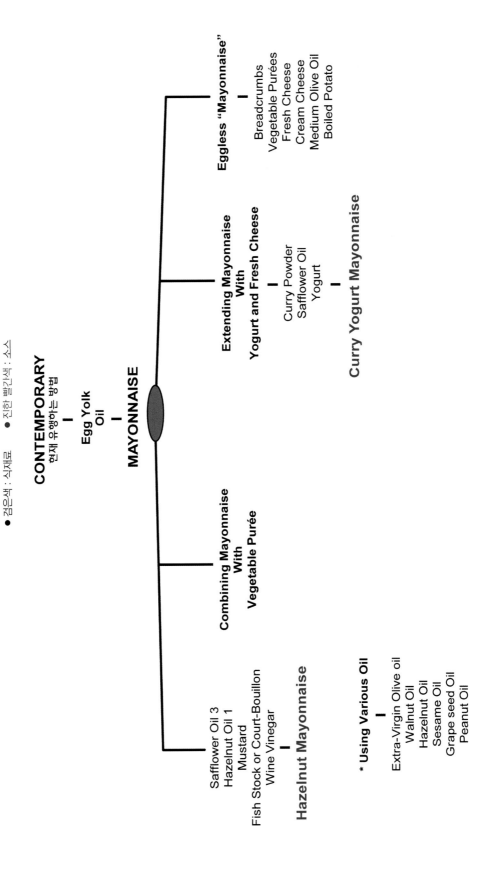

● 검은색 : 식재료　● 진한 빨간색 : 소스

CONTEMPORARY
현재 유행하는 방법

Egg Yolk
Oil

MAYONNAISE

Safflower Oil 3
Hazelnut Oil 1
Mustard
Fish Stock or Court-Bouillon
Wine Vinegar

Hazelnut Mayonnaise

*** Using Various Oil**

Extra-Virgin Olive oil
Walnut Oil
Hazelnut Oil
Sesame Oil
Grape seed Oil
Peanut Oil

Combining Mayonnaise With Vegetable Purée

Extending Mayonnaise With Yogurt and Fresh Cheese

Curry Powder
Safflower Oil
Yogurt

Curry Yogurt Mayonnaise

Eggless "Mayonnaise"

Breadcrumbs
Vegetable Purées
Fresh Cheese
Cream Cheese
Medium Olive Oil
Boiled Potato

6) 버터 소스 Variations of Butter Sauces

버터는 소스가 갖고 있는 풍미와 질감을 갖고 있어 소스로 사용된다.

버터는 그 자체가 소스가 갖고 있는 성질을 고루 갖고 있다. 버터를 입안에 넣으면 짙고 풍부하고 섬세한 풍미가 입안 가득 퍼지면서 긴 여운을 남긴다.

녹인 버터의 질감은 소스 농도와 같다. 녹인 버터의 농도 덕분에 물보다 느리게 움직이며 끈적끈적하다. 그래서 녹인 버터는 전체 버터이든 수분을 제거한 정제버터이든 간소하면서도 맛있는 소스의 재료가 된다.

버터 속에 유화제 구실을 하는 물질들이 있다.

버터 속에 유화제 구실을 하는 물질들이 있음을 알고 옛날 분들은 이를 이용해 소스를 만들었다. 이는 물에 배출된 지방 분자들이 물과 버터에 들어 있던 물방울들에 함유된 유화제 구실을 하는 물질들에 둘러싸여 '수중 유적형Oil in Water' 유화액이 되어 소스 농도가 나오게 된다.

'emulsion'은 '젖을 짜다'라는 뜻의 라틴어 어원에서 나왔다. 원래는 견과류를 비롯한 식물조직과 열매를 압착해서 짜낸 우유처럼 생긴 액체를 말한다. 우유도 유화액의 일종이고 이것으로 만든 버터도 천연 유화액의 일종이다.

뵈르 블랑 Beurre Blanc-Type Sauce

뵈르 블랑은 문자 그대로 '하얀 버터'로 풍미가 진한 식초와 와인 농축액에 버터 몇 조각을 넣어 저어서 만들며 크림 80%의 소스로 진한 크림과 비슷하다. 일단 농도가 나오기 시작하면 수분이 없는 정제버터를 첨가해 더 걸쭉하게 만들 수도 있다.

뵈르 블랑은 58℃ 이상으로 온도가 올라가면 지방이 새어나와 물과 기름이 분리된다. 그러나 물방울에 함유되어 있던 유화제는 열에 내성이 있으며 보호막을 재형성할 수 있어 약간의 찬물을 붓고 빠르게 저어주면 복원된다. 뵈르 블랑의 이상적인 보관 온도는 52℃ 안팎이며 뵈르 블랑의 가장 치명적인 보관 온도는 체온 이하로 차게 식히는 것이다. 유지방은 30℃에서부터 굳기 시작하며 소스를 다시 가열해도 복원되지 않고 기름과 물이 분리된다.

브로큰 버터 소스 Broken Butter Sauces / 가열해서 갈색으로 만든 버터

브로큰 버터 소스를 만드는 방법으로 버터를 끓여 수분을 증발시켜 우유 고형분들이 갈색으로 변할 때까지 버터를 끓여서 사용하는데, 이렇게 하면 유지방에서 견과류 향이 난다. '헤이즐넛 버터'라는 뜻의 '뵈르 누아제트'와 '블랙 버터'라는 뜻의 '뵈르 누아르'로 부른다. 이렇게 버터를 갈색으로 가열하여 변화시킨 버터 소스들로, 종종 뵈르 누아제트에 레몬주스를 첨가하고 뵈르 누아에는 식초를 넣어 소스를 만든다.

컴파운드 버터와 휘프드 버터 Compound Butters & Whipped Butters

버터를 이용해 소스를 만드는 다른 방법으로 컴파운드 버터와 휘프드 버터가 있다.

컴파운드 버터는 혼합버터이다.

짙고 풍부한 풍미를 갖고 있는 버터의 반고형체에 다진 허브, 향신료, 갑각류의 알, 짐승의 간, 기타 여러 가지 재료를 넣어 만드는 것이다. 휘프드 버터는 말랑해진 버터를 휘저어 단단한 거품상태를 만들어 육수나 조미액 등을 첨가하고 휘저어서 만든다. 유화액과 거품이 결합된 형태로 만든다. 이렇게 풍미를 첨가한 버터를 고기나 생선 요리, 채소나 파스타 요리 위에 얹으면 진하고 맛이 좋은 요리가 된다.

파생 버터 소스 1 Variations of Butter Sauces / 육류, 생선, 파스타 요리에 응용 가능함

● 검은색 : 식재료 ● 진한 빨간색 : 소스

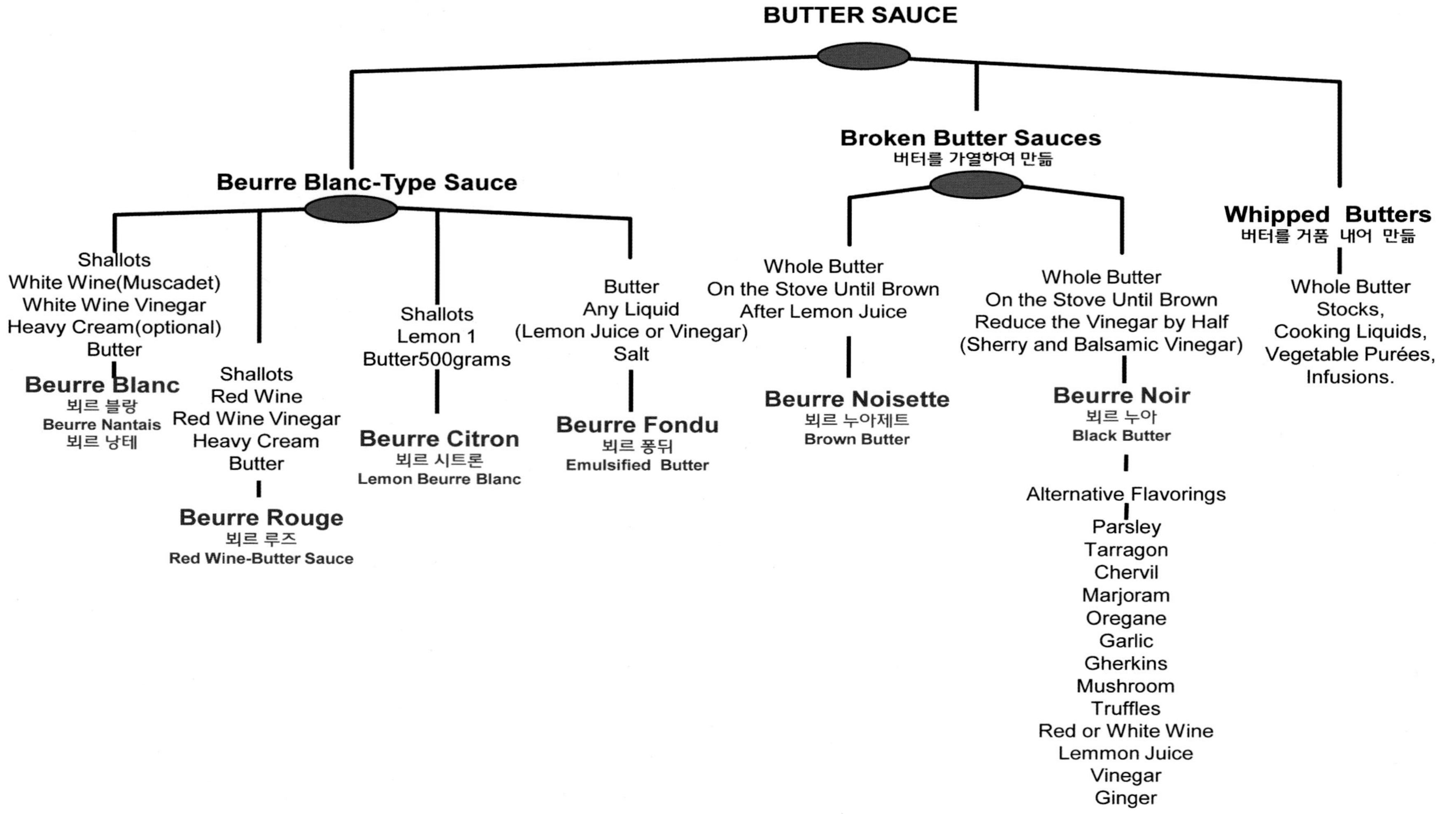

BUTTER SAUCE
Beurre Blanc-Type Sauce
Shallots
White Wine(Muscadet)
White Wine Vinegar
Heavy Cream(optional)
Butter
Beurre Blanc
뵈르 블랑
Beurre Nantais
뵈르 낭테
Shallots
Red Wine
Red Wine Vinegar
Heavy Cream
Butter
Beurre Rouge
뵈르 루즈
Red Wine-Butter Sauce
Shallots
Lemon 1
Butter500grams
Beurre Citron
뵈르 시트론
Lemon Beurre Blanc
Butter
Any Liquid
(Lemon Juice or Vinegar)
Salt
Beurre Fondu
뵈르 퐁뒤
Emulsified Butter
Broken Butter Sauces
버터를 가열하여 만듦
Whole Butter
On the Stove Until Brown
After Lemon Juice
Beurre Noisette
뵈르 누아제트
Brown Butter
Whole Butter
On the Stove Until Brown
Reduce the Vinegar by Half
(Sherry and Balsamic Vinegar)
Beurre Noir
뵈르 누아
Black Butter
Alternative Flavorings
Parsley
Tarragon
Chervil
Marjoram
Oregane
Garlic
Gherkins
Mushroom
Truffles
Red or White Wine
Lemmon Juice
Vinegar
Ginger
Whipped Butters
버터를 거품 내어 만듦
Whole Butter
Stocks,
Cooking Liquids,
Vegetable Purées,
Infusions.

파생 버터 소스 2 Variations of Butter Sauces / 육류, 생선, 야채 요리에 응용 가능함

● 검은색 : 식재료　　● 진한 빨간색 : 소스

Softened Butter
Herbs, Fruits, Spices or Citrus Peels

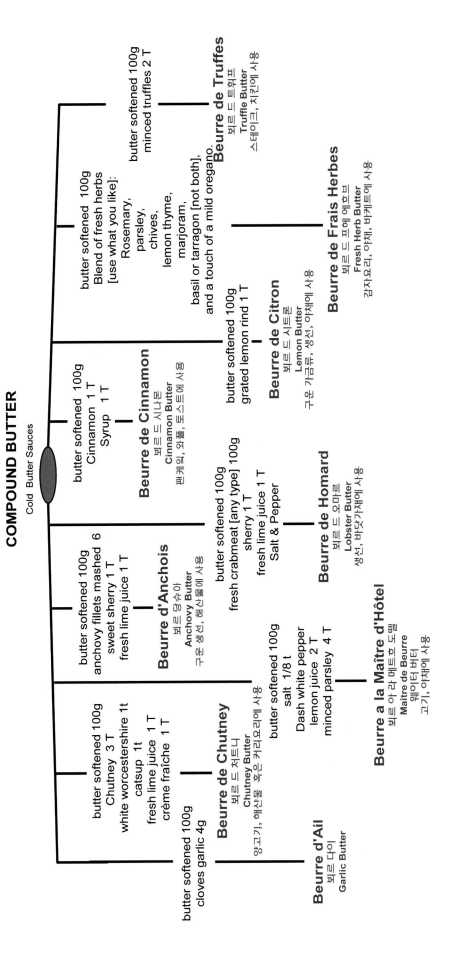

COMPOUND BUTTER

Cold Butter Sauces

Beurre d'Ail
뵈르 다이
Garlic Butter

- butter softened 100g
- cloves garlic 4g

Beurre de Chutney
뵈르 드 처트니
Chutney Butter
양고기, 해산물 혹은 커리요리에 사용

- butter softened 100g
- Chutney 3 T
- white worcestershire 1t
- catsup 1t
- fresh lime juice 1 T
- crème fraîche 1 T

Beurre a la Maître d'Hôtel
뵈르 아 라 메트흐 도뗄
Maître de Beurre
웨이터 버터
고기, 야채에 사용

- butter softened 100g
- salt 1/8 t
- Dash white pepper
- lemon juice 2 T
- minced parsley 4 T

Beurre d'Anchois
뵈르 당슈아
Anchovy Butter
구운 생선, 해산물에 사용

- butter softened 100g
- anchovy fillets mashed 6
- sweet sherry 1 T
- fresh lime juice 1 T

Beurre de Homard
뵈르 드 오마르
Lobster Butter
생선, 바닷가재에 사용

- butter softened 100g
- fresh crabmeat [any type] 100g
- sherry 1 T
- fresh lime juice 1 T
- Salt & Pepper

Beurre de Cinnamon
뵈르 드 시나몬
Cinnamon Butter
팬케익, 와플, 토스트에 사용

- butter softened 100g
- Cinnamon 1 T
- Syrup 1 T

Beurre de Citron
뵈르 드 시트론
Lemon Butter
구운 가금류, 생선, 야채에 사용

- butter softened 100g
- grated lemon rind 1 T

Beurre de Frais Herbes
뵈르 드 프헤 에흐브
Fresh Herb Butter
감자요리, 야채, 바케트에 사용

- butter softened 100g
- Blend of fresh herbs [use what you like]: Rosemary, parsley, chives, lemon thyme, marjoram, basil or tarragon [not both], and a touch of a mild oregano.

Beurre de Truffes
뵈르 드 트휘프
Truffle Butter
스테이크, 치킨에 사용

- butter softened 100g
- minced truffles 2 T

7) 비네그레트 Vinaigrettes

비네그레트는 '식초'라는 뜻의 프랑스어에서 왔다.

비네그레트는 '식초'라는 뜻의 프랑스어로 오일-식초로 만든 뿌연 유화액 소스이다. 식초와 오일이 1:3의 비율로 만들어지는 것이 표준적인 비네그레트 혼합 비율이다. 산의 맛이 비네그레트의 맛을 좌우하고 오일의 향을 능가한다. 그렇기 때문에 식초는 레드와인 식초, 화이트와인 식초, 발사믹식초, 셰리와인 식초 등 질 좋은 식초를 사용해야 한다. 만약 우리나라 일반 식초를 사용하려면 산도가 높기 때문에 식초와 오일을 1:5의 비율로 하는 것이 좋다.

비네그레트는 '유중 수적형Water in Oil', '수중 유적형Oil in Water' 두 가지 종류가 있다.

'유중 수적형Water in Oil' 형태는 전통적인 방법으로 식초와 오일이 1:3의 비율이 되도록 하는 방법이다. 오일이 3배 더 많다.

'수중 유적형Oil in Water' 형태는 오일 비중을 줄이고 물기가 많은 퓌레 같은 재료와 식초를 섞어 만들기 때문에 산성을 너무 높이지 않으면서 흐름성이 좋은 비네그레트를 만들 수 있다.

콜 비네그레트

콜 비네그레트는 채소 샐러드에 뿌리는 간단한 비네그레트로 오일-식초 샐러드 드레싱이다. 일반적으로 프렌치 드레싱이라고도 부른다.

콜 비네그레트 3가지 만들기

콜 비네그레트는 상당히 많이 있다. 그 중 대표적인 3가지를 소개하면 다음과 같다.

첫 번째, 비네그레트 혹은 프렌치 드레싱이라고 부르는 드레싱이다. 식초, 겨자, 오일, 소금 & 후추를 섞어서 만든다.

두 번째, 크림이 들어간 비네그레트이다. 기본 비네그레트에 겨자, 소금 & 후추, 식초, 헤비 크림, 엑스트라 올리브 오일, 처빌 찹을 볼에 넣어 저어서 완성한다.

세 번째, 비네그레트에 다양한 재료를 넣어서 파생 비네그레트를 만들 수 있다. 허니-머스타드 비네그레트는 마늘 찹, 생강 찹, 발사믹 식초, 꿀, 디종 머스타드, 간장, 일본 참기름, 엑스트라 버진 올리브 오일, 가스오부시를 섞어서 만든다.

핫 비네그레트

핫 비네그레트는 고기나 생선을 그릴이나 브로일러에서 굽는 동안 발라주는 양념 소스로 이용되거나 파스타, 곡식류, 야채, 콩을 양념하는 소스로 이용된다. 또한 디핑 소스로 뜨겁거나 찬 전채요리 혹은 메인 요리의 소스로 이용된다.

핫 비네그레트에 다양한 풍미를 낼 수 있는 올리브 오일이나 견과류 오일, 녹인 버터, 고기의 육즙이나 스톡 농축액을 넣을 수 있다.

핫 비네그레트 3가지 만들기

첫 번째, 핫 토마토 비네그레트는 어패류에 사용하며 농축한 쿠르 브이용과 뜨거운 토마토 쿨리, 버터, 레몬주스 등을 섞어 만든 따뜻한 비네그레트이다.

만드는 방법은 샬롯과 마늘을 팬에 넣어 색이 나지 않도록 익힌 후 토마토를 넣어 토마토 퓌레를 만들고 버터와 올리브 오일, 레몬주스를 넣어 완성한다.

두 번째, 웜 스위트 레드 페퍼 & 마늘 비네그레트는 뜨거운 식초에 오일과 마늘 퓌레, 마주람, 로스팅 육즙을 섞어 만든다.

세 번째, 핫 헤이즐넛 & 파슬리 비네거는 브렌더에 뜨거운 고기 육즙과 식초, 파슬리, 헤이즐넛 오일을 넣어 갈아준 후 걸러서 완성하는 소스이다. 생선이나 고기 요리에 함께 제공한다.

비네그레트 Vinaigrettes / 콜 비네그레트는 샐러드에 응용 가능하고 핫 비네그레트는 육류, 어패류 요리에 응용 가능함

● 검은색 : 식재료　● 진한 빨간색 : 소스

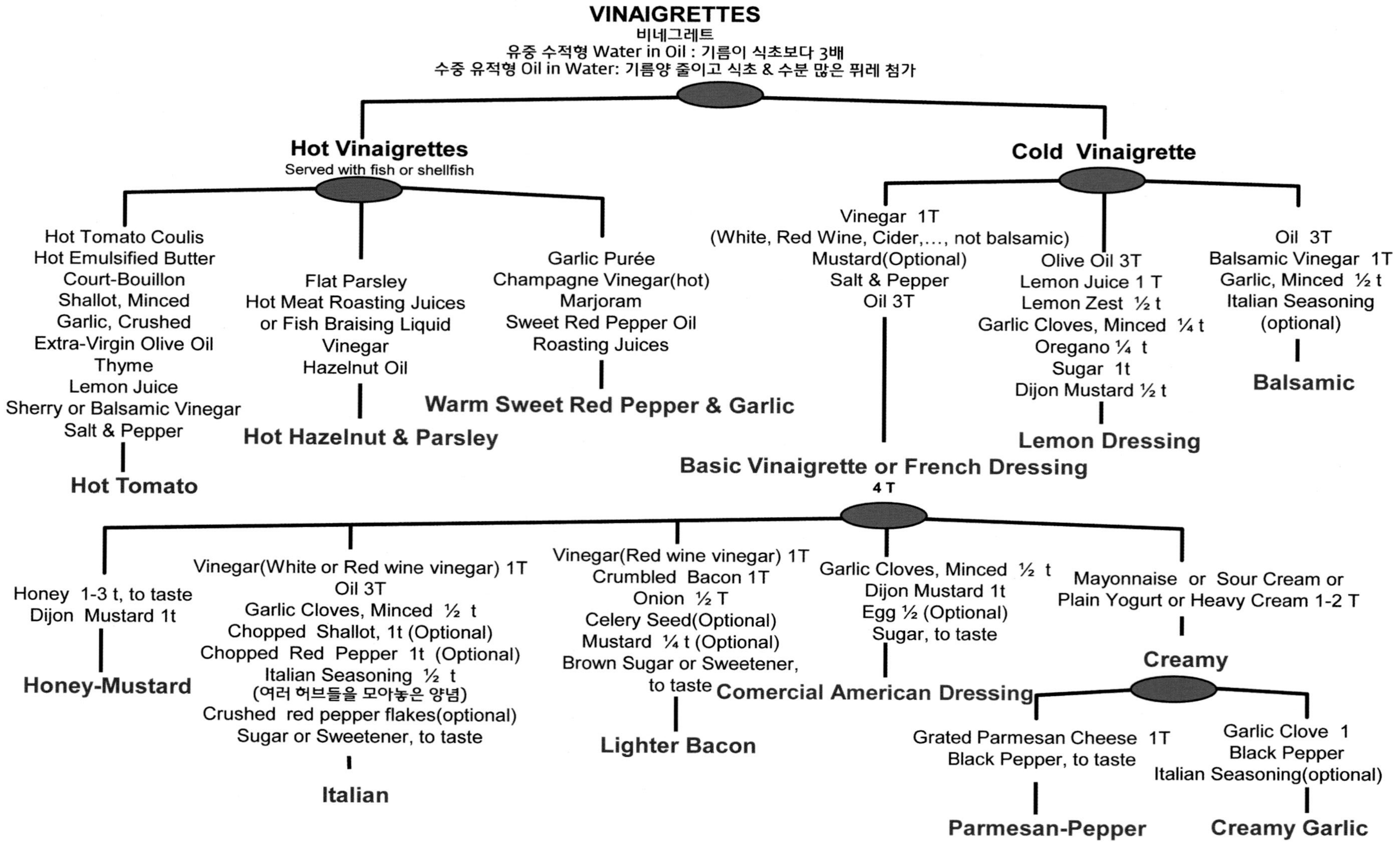

VINAIGRETTES
비네그레트
유중 수적형 Water in Oil : 기름이 식초보다 3배
수중 유적형 Oil in Water: 기름양 줄이고 식초 & 수분 많은 퓌레 첨가
Hot Vinaigrettes
Served with fish or shellfish
Hot Tomato Coulis
Hot Emulsified Butter
Court-Bouillon
Shallot, Minced
Garlic, Crushed
Extra-Virgin Olive Oil
Thyme
Lemon Juice
Sherry or Balsamic Vinegar
Salt & Pepper
Hot Tomato
Flat Parsley
Hot Meat Roasting Juices
or Fish Braising Liquid
Vinegar
Hazelnut Oil
Hot Hazelnut & Parsley
Garlic Purée
Champagne Vinegar(hot)
Marjoram
Sweet Red Pepper Oil
Roasting Juices
Warm Sweet Red Pepper & Garlic
Cold Vinaigrette
Vinegar 1T
(White, Red Wine, Cider,..., not balsamic)
Mustard(Optional)
Salt & Pepper
Oil 3T
Basic Vinaigrette or French Dressing
4 T
Olive Oil 3T
Lemon Juice 1 T
Lemon Zest ½ t
Garlic Cloves, Minced ¼ t
Oregano ¼ t
Sugar 1t
Dijon Mustard ½ t
Lemon Dressing
Oil 3T
Balsamic Vinegar 1T
Garlic, Minced ½ t
Italian Seasoning
(optional)
Balsamic
Honey 1-3 t, to taste
Dijon Mustard 1t
Honey-Mustard
Vinegar(White or Red wine vinegar) 1T
Oil 3T
Garlic Cloves, Minced ½ t
Chopped Shallot, 1t (Optional)
Chopped Red Pepper 1t (Optional)
Italian Seasoning ½ t
(여러 허브들을 모아놓은 양념)
Crushed red pepper flakes(optional)
Sugar or Sweetener, to taste
Italian
Vinegar(Red wine vinegar) 1T
Crumbled Bacon 1T
Onion ½ T
Celery Seed(Optional)
Mustard ¼ t (Optional)
Brown Sugar or Sweetener,
to taste
Lighter Bacon
Garlic Cloves, Minced ½ t
Dijon Mustard 1t
Egg ½ (Optional)
Sugar, to taste
Comercial American Dressing
Mayonnaise or Sour Cream or
Plain Yogurt or Heavy Cream 1-2 T
Creamy
Grated Parmesan Cheese 1T
Black Pepper, to taste
Parmesan-Pepper
Garlic Clove 1
Black Pepper
Italian Seasoning(optional)
Creamy Garlic

8) 살사 Salsas

살사Salsa는 에스파냐어로 소스라는 뜻이다.

살사류는 허브들, 야채들, 때때로 과일들을 찹하여 만든 멕시코 스타일 소스이다.

살사류는 건강을 생각하는 시대적인 유행과 더불어 점점 더 인기가 더해지는 추세다.

멕시코 전통음식인 토르티야 요리에 빠지지 않고 들어가는 매콤한 맛을 내는 소스이다. 멕시코 살사는 잘게 썬 야채들이 결합된 것으로 핫 페퍼, 고수, 라임 주스, 토마토가 주로 들어간다.

멕시코 살사 소스는 살짝 익히거나 날것으로 조리하는 등 많은 변화를 줄 수 있다.

살사Salsa, 렐리쉬Relish, 처트니Chutney, 페스토Pesto, 퓌레Puree는 종종 통용되어 사용되기에 구분하기 어렵다. 만드는 방법에서의 차이점보다는 어느 나라의 음식이냐와 유래에 따라 구분된다고 생각하면 된다.

살사는 멕시코 스타일의 소스이다. 찹한Chopped 허브, 야채, 때때로 과일로 만들어진다.

렐리쉬는 살사와 비슷하다. 토마토, 오이, 고추, 양파 등을 피클링한 후 다진 것으로 고기요리, 햄버거, 소시지, 핫도그 등에 강한 맛을 주기 위하여 음식에 얹어서 먹는 것이다. 소금물이나 식초에 절인 작은 오이, 케이퍼, 양파, 고추, 비트와 같은 재료를 섞어 다져 만든다.

처트니는 인도에서 만들어진 음식과 곁들여 먹는 양념이다.

처트니는 3가지 형태로 나눈다. 설탕과 식초를 넣어 달콤하고 시큼하게 만든 것과 야채와 허브, 식초로 만드는 것과 허브를 잘게 찹해서 만드는 것으로 구분한다.

페스토는 이탈리아의 절구와 절굿공이라는 뜻의 "Pestle"에서 유래된 것이다. 바질, 치즈, 잣 등을 갈아서 만든다.

퓌레는 으깨기, 즉 과일이나 삶은 채소를 으깨어 걸쭉하게 만든 음식이다.

대표적인 살사 3가지를 소개하면 다음과 같다.

1. 멕시코 살사 1L

• 재료 및 조리 방법

토마토 6개, 마늘 1개, 붉은 파프리카 1개, 할라피뇨 1개, 붉은 양파 1개, 아보카도 1개, 고수 1줄기, 라임 2개, 엑스트라 올리브 오일 3테이블 스푼

모든 재료를 준비한 후 잘게 썰어 믹싱볼에 섞어 1~2시간 재워 놓으면 된다.

2. 트러플 살사 250ml

트러플은 전통적인 브라운 소스에 잘게 다져 넣거나 슬라이스하여 첨가하는 방법으로 사용한다.

브라운 소스에 잘게 다져 넣으면 뻬히귀오Périgueux 소스이고 슬라이스하여 첨가하면 페히구흐딘Perigourdine 소스가 된다. 17세기에 요리사들은 내추럴 육즙에 트러플을 퓌레로 만들어 넣어 트러플 쿨리라고 하였다. 여기에서 트러플 살사라고 용어를 붙인 것은 트러플을 정육면체로 잘게 다져 소스를 만들었다는 것을 의미한다.

• 재료 및 조리방법

블랙 트러플 200g, 스톡 30ml, 헤비 크림 30ml, 엑스트라 버진 올리브 오일 15ml, 뛰어난 풍미의 식초(셰리 혹은 발사믹식초), 소금, 후추

트러플은 얇게 슬라이스하여 사각으로 잘라 놓고, 스톡과 생크림을 섞어 은근히 끓여준다. 트러플 작은 조각을 넣고 섞어준다. 올리브 오일과 식초를 넣어 저어준 후 소금과 후추로 간한다.

3. 열대과일 살사 1L

바비큐 치킨이나 구운 새우 요리 위에 올려 제공하는 열대과일 소스이다.

• 재료 및 조리방법

파인애플 ¼개, 파파야 1개, 키위 2개, 망고 1개, 붉은 파프리카 1개, 매운 고추 2개, 고수 1줄기, 붉은 양파 1개, 라임 2개, 소금

과일을 정육면체로 작게 썰어 놓는다. 붉은 파프리카와 고추를 정육면체로 썰고 고수를 다져 놓는다. 모든 재료를 섞고 소금으로 간하여 완성한다.

살사 Salsas / 닭고기, 소고기, 돼지고기 요리에 곁들이는 양념

● 검은색 : 식재료　● 진한 빨간색 : 소스

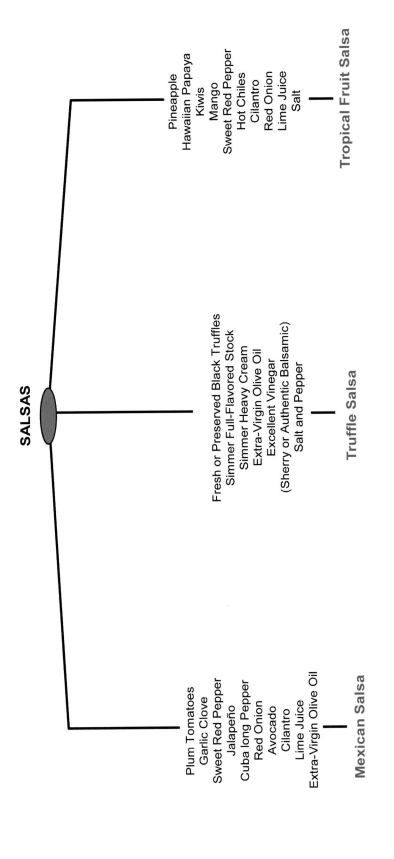

SALSAS

Mexican Salsa

- Plum Tomatoes
- Garlic Clove
- Sweet Red Pepper
- Jalapeño
- Cuba long Pepper
- Red Onion
- Avocado
- Cilantro
- Lime Juice
- Extra-Virgin Olive Oil

Truffle Salsa

- Fresh or Preserved Black Truffles
- Simmer Full-Flavored Stock
- Simmer Heavy Cream
- Extra-Virgin Olive Oil
- Excellent Vinegar (Sherry or Authentic Balsamic)
- Salt and Pepper

Tropical Fruit Salsa

- Pineapple
- Hawaiian Papaya
- Kiwis
- Mango
- Sweet Red Pepper
- Hot Chiles
- Cilantro
- Red Onion
- Lime Juice
- Salt

9) 처트니 Chutney

처트니는 인도 음식과 곁들여 먹는 양념이다.

주로 에피타이저로 먹는 빵이나 달 등에 다른 과일이나 해산물 등의 재료와 곁들여 먹는다. 풋과일에 설탕, 식초, 향신료를 넣어 걸쭉하게 끓여 만든 것으로, 다양한 과일과 채소를 이용해 만들 수 있다. 특히, 잼이나 소스 대신 활용할 수 있다.

사과, 양파 등을 이용해 만든 처트니 소스는 빵이나 과자에 발라 먹어도 맛있다. 샌드위치 만들 때 살짝 넣어주면 특별한 샌드위치를 만들 수 있다. 원래는 인도에서 왔으나 지금은 영국인들이 즐겨 먹는 아이템이 되었다.

인도의 가정에서는 제철에 구할 수 있는 채소와 과일로 매일매일 신선한 처트니를 만들어 먹는다.

처트니는 3가지 타입으로 구분할 수 있다.

1. 달콤하고 시큼한 처트니 Sweet and Sour Chutneys

가장 친숙한 처트니로 과일과 설탕, 스파이스, 식초 등을 넣어 만든다.

- 재료 및 만드는 방법

설탕 30g, 화이트와인 식초 125ml, 풋과일(배, 망고, 복숭아) 500g, 세라노 고추 혹은 태국 고추 1개, 생강 10g, 커리파우더 15g, 건포도 125g

소스 팬에 설탕과 식초를 넣어 섞어준 후 주사위 모양으로 자른 과일을 넣고 끓여 준다. 잘게 다진 고추, 생강, 스파이스를 넣어 졸여준다. 건포도를 넣어 끓이면서 걸쭉하게 농도가 나오도록 조절한다. 차갑게 보관한다.

2. 야채 처트니 Vegetable Chutneys

양파, 허브(민트 혹은 고수), 스파이스, 고추, 레몬주스, 식초, 타마린드 등을 섞어 만든다.

토마토와 양파를 넣어 만든 처트니는 인도사람들이 좋아하는 양념이다. 지역에 따라 만드는 사람에 따라 요거트나 갈은 코코넛 혹은 잣 등 다른 향신료와 재료를 첨가하기에 독특한 풍미를 가진 양념이다. 아래의 레시피는 인도사람들이 좋아하는 것이다.

- 재료 및 만드는 방법

얇게 썬 붉은 양파 2개, 작은 주사위 모양으로 썬 토마토 4개, 다진 고수 10g, 레몬주스 15ml, 잘게 썬 세라노 고추 혹은 태국 고추 2개, 할라피뇨 4개, 소금, 후추

먼저, 얇게 썬 붉은 양파를 찬물에 1시간 담가 놓아 매운맛을 제거하고 아삭아삭하게 만들어 놓는다. 물기를 제거하고 놓는다.
그리고, 잘게 썬 토마토를 소스팬에 넣어 토마토 소스처럼 만들어 놓고 테이블에 옮겨 놓은 후 고수, 레몬주스, 고추, 소금을 넣어 저어준다. 제공하기 직전에 차가운 토마토 소스에 아삭한 붉은 양파 채를 넣어 저어준다.

3. 허브 처트니 Herb Chutneys

곱게 찹한 허브(민트 혹은 고수), 레몬주스, 코코넛, 망고 등을 넣어 만든다.

- 재료 및 만드는 방법

고수 혹은 민트 10g, 설탕 5g, 물 혹은 플레인 요거트 혹은 코코넛 밀크 185ml, 작은 양파 1개, 태국 고추 2개, 할라피뇨 2개, 레몬주스 30ml

음식이 제공되기 1시간 안에 블렌더에 모든 재료를 넣고 갈아준다. 소스 용기에 옮겨 담는다.

처트니 Chutney / 차게 식힌 고기, 치즈, 샌드위치, 카레요리 곁들임

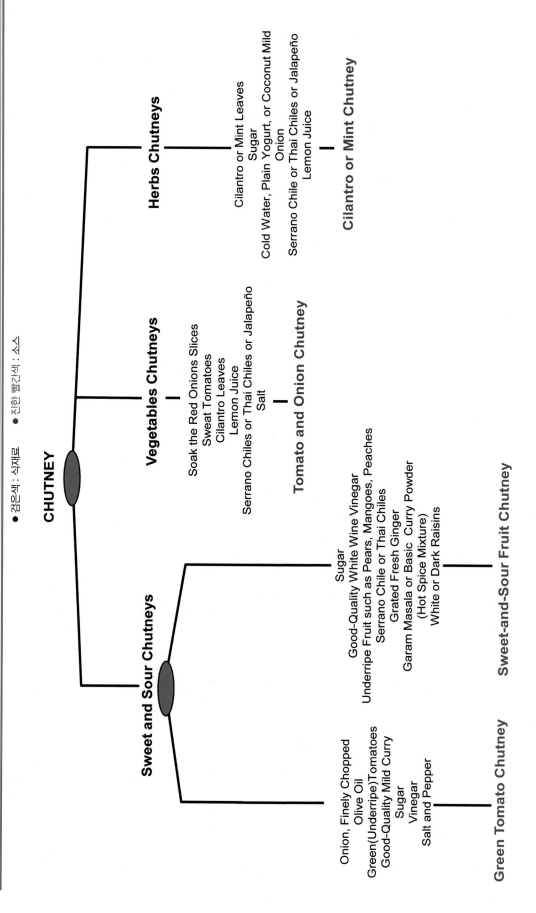

● 검은색 : 식재료　● 진한 빨간색 : 소스

CHUTNEY

Sweet and Sour Chutneys

Onion, Finely Chopped
Olive Oil
Green(Underripe)Tomatoes
Good-Quality Mild Curry
Sugar
Vinegar
Salt and Pepper

Green Tomato Chutney

Sugar
Good-Quality White Wine Vinegar
Underripe Fruit such as Pears, Mangoes, Peaches
Serrano Chile or Thai Chiles
Grated Fresh Ginger
Garam Masala or Basic Curry Powder
(Hot Spice Mixture)
White or Dark Raisins

Sweet-and-Sour Fruit Chutney

Vegetables Chutneys

Soak the Red Onions Slices
Sweat Tomatoes
Cilantro Leaves
Lemon Juice
Serrano Chiles or Thai Chiles or Jalapeño
Salt

Tomato and Onion Chutney

Herbs Chutneys

Cilantro or Mint Leaves
Sugar
Cold Water, Plain Yogurt, or Coconut Mild
Onion
Serrano Chile or Thai Chiles or Jalapeño
Lemon Juice

Cilantro or Mint Chutney

10) 빠테와 차가운 로스트 미트에 곁들여 먹는 과일 소스 Fruit Sauces With Pâtés And Cold Roast Meats

향긋하고 맛 좋은 과일 소스는 영국과 미국에서 로스트 비프와 파테에 곁들여지는 소스로 오랫동안 인기가 있었다. 많은 사람들에게는 구운 양고기에는 민트 젤리, 구운 칠면조에는 크랜베리 소스가 친숙하다. 파테와 차가운 로스트 비프 고기에 곁들여지는 컴버랜드 소스는 덜 알려져 있다.

대부분의 과일에는 소스를 엉기게 하는 펙틴이 들어있어 설탕과 함께 끓이게 되면 농도가 나오게 된다.

1. 컴버랜드 소스 Cumberland Sauce 250ml

이 소스는 차가운 사슴고기와 함께 곁들여지는 전통적인 소스이다.

• 재료 및 조리방법

잘게 다진 샬롯 1개, 오렌지 제스트 조금, 레몬 제스트 조금, 레드 커런트 젤리 60ml, 포트와인 90ml, 오렌지 1개로 짠 주스, 와인식초 30ml, 디존 머스타드 5ml, 생강가루 조금

오렌지와 레몬 껍질을 얇게 썰고 가늘고 길게 채 썬 제스트를 뜨거운 물에 2분간 데치고 건조시켜 놓는다. 작은 소스 팬에 남아 있는 재료를 넣어 은근히 끓여준다. 포트와인의 알코올이 날라가면 붉은 건포도 젤리를 넣어준다. 농도가 걸쭉해지면 차갑게 보관한다.

2. 크랜베리 소스 Cranberry Sauce 1L

크랜베리 소스는 복잡하지 않게 만들 수 있는 소스로 영국과 미국에서 구운 칠면조 요리와 곁들여 먹는 양념이다.

• 재료 및 조리방법

크랜베리 500g, 설탕 200g, 물 500g

소스 팬에 크랜베리, 설탕, 물을 넣고 은근히 끓여준다. 끈적끈적하게 농도가 나오도록 한다.

소스 맛을 보고 필요하다면 설탕을 더 넣어준다. 만약 부드러운 소스를 원한다면 걸러서 사용한다.

3. 타마린드 소스 Tamarind Sauce 250ml

이 소스는 구운 생선이나 가금류 살고기를 찍어 먹기에 좋은 소스이다.

• 재료 및 조리방법

타마린드 펄프 30g, 물 250ml, 마늘 1개, 피시 소스 45ml, 타이 고추 3개, 생강 45g

먼저 작은 소스팬에 타마린드 펄프를 물과 함께 넣어 풀어준다. 은근히 끓여주면서 나머지 재료들을 넣어 3분 정도 천천히 끓여준다. 소스를 제공할 때는 실온 온도가 좋다.

파테와 콜 로스트 비프에 곁들여 먹는 과일 소스 Fruit Sauces With Pâtés And Cold Roast Meats

● 검은색 : 식재료 ● 진한 빨간색 : 소스

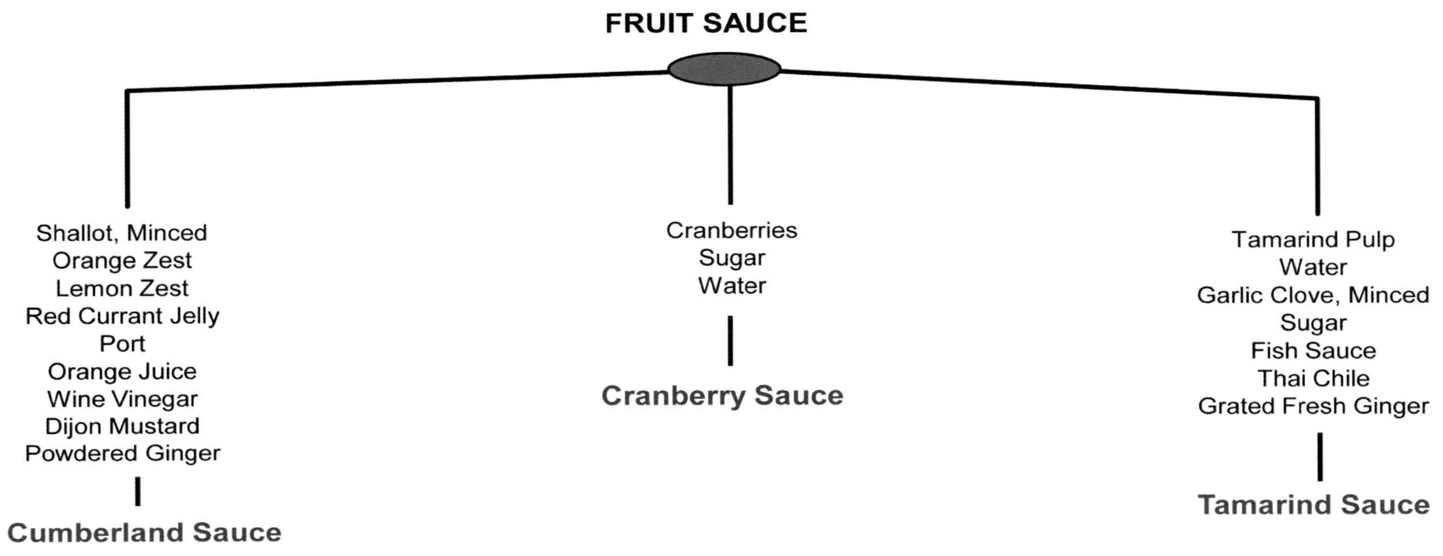

FRUIT SAUCE
Shallot, Minced
Orange Zest
Lemon Zest
Red Currant Jelly
Port
Orange Juice
Wine Vinegar
Dijon Mustard
Powdered Ginger
Cumberland Sauce
Cranberries
Sugar
Water
Cranberry Sauce
Tamarind Pulp
Water
Garlic Clove, Minced
Sugar
Fish Sauce
Thai Chile
Grated Fresh Ginger
Tamarind Sauce

11) 퓌레 Puree

퓌레는 으깨기, 즉 과일이나 삶은 채소를 으깨어 걸쭉하게 만든 음식이다.

퓌레는 재료를 익혀서 조직을 무르게 만든 다음 막자 사발에 넣고 빻거나 짓이겨서 체에 통과시키거나 블렌더나 푸드 프로세서에 넣어 곱게 갈아 만든다.

퓌레 재료로는 토마토, 멕시코 가지과의 토메티오, 마늘, 파프리카, 양파, 파슬리, 물냉이, 버섯, 컬리플라워, 뿌리 채소들, 견과류, 콩류 등이 있다.

(1) 퓌레의 질감을 세련되게 만들기 위한 4가지 방법

퓌레 입자를 곱게 만들기 위한 방법으로 4가지가 있다.

첫째, 블렌더나 막자사발을 이용해 으깨거나 잘게 조각을 내준다. 푸드 프로세서는 으깬다기보다는 얇게 편 썰기를 한다고 보면 된다.

둘째, 체에 걸러 내주어 작은 입자를 만들어준다.

셋째, 열을 가하여 세포벽이 물러지게 하여 작게 만든다.

넷째, 퓌레를 얼렸다가 해동시키면 얼음 결정들에 의해 세포벽이 손상되어 더 많은 펙틴과 헤미셀룰로스Hemicellulose 분자들이 액체 속으로 배출되어 입자들이 곱게 된다.

(2) 퓌레를 진하게 하기 위한 2가지 방법

첫째, 퓌레를 약한 불로 오래 끓여 농축하는 것이다.

둘째, 묽은 유체를 고체들로부터 제거하는 것이다. 이때 묽은 유체는 따로 졸였다가 나중에 다시 합칠 수도 있다. 아니면 과일이나 채소를 으깨기 전에 그 안에 든 수분을 제거하는 방법이 있다. 예를 들면, 토마토를 몇 등분으로 잘라 오븐에서 부분 건조하는 방법이다.

(3) 생퓌레와 익힌 퓌레들

생퓌레

생퓌레는 일반적으로 과일들과 토마토, 허브 및 생 야채들로 만든다. 이러한 퓌레는 세포 내용물들이 서로 간에 또 대기 중의 산소와 섞여서 효소 활동과 산화가 시작되어 색이 탁하게 변하거나 쉽게 쉬게 되기 때문에 이것을 방지하기 위해 생퓌레는 차게 보관한다.

바질 잎으로 만든 이탈리아 퓌레인 바질 페스토는 바질과 마늘을 넣어 전통적으로 막자사발에서 분쇄한다. 여기에 유화액 역할을 하는 올리브 기름을 넣어 바질 페스토를 완성한다. 'Pesto'는 막자사발의 'Pestle'과 같은 어원에서 나왔다. 바질 페스토의 풍미는 바질 잎이 어느 정도 철저하게 부서졌는지에 따라 풍미가 다르며 입자가 거친 페스토는 신선한 바질 잎의 풍미에 가깝다.

익힌 퓌레

대부분의 퓌레들은 재료를 익혀서 조직을 무르게 만든 다음 세포를 부수어 소스를 걸쭉하게 만든다. 대부분의 채소들과 뿌리 열매들에는 수용성 펙틴이 풍부한 세포벽을 가지고 있다. 펙틴은 퓌레를 만드는 동안 물러진 세포벽 파편들로부터 나온다. 당근, 컬리플라워, 고추 등에는 펙틴이 풍부하다. 많은 뿌리 채소와 덩어리 줄기 채소들은 전분 알갱이들이 많고 이것들은 채소 안의 수분 대부분을 흡수하여 걸쭉하게 만든다.

퓌레 1 Purees and Puree–Thickened Sauces(Continue) / 생선에 발라 구이용으로 사용, 빵을 찍어 먹는 용도, 샐러드, 제과 제빵 첨가 재료, 소스 베이스용

● 검은색 : 식재료 ● 진한 빨간색 : 소스

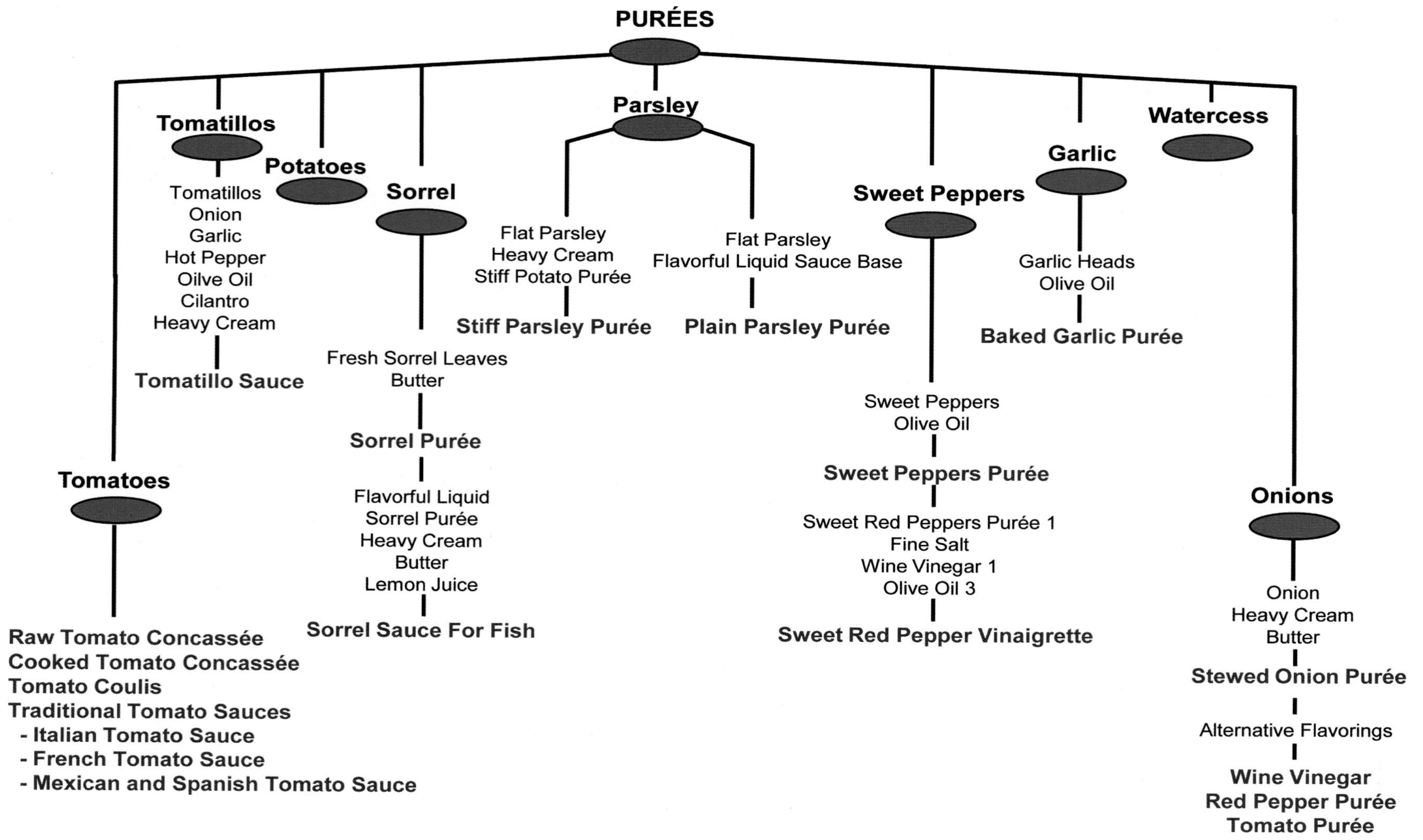
PURÉES
Tomatillos
Tomatillos
Onion
Garlic
Hot Pepper
Oilve Oil
Cilantro
Heavy Cream
Tomatillo Sauce
Potatoes
Sorrel
Fresh Sorrel Leaves
Butter
Sorrel Purée
Flavorful Liquid
Sorrel Purée
Heavy Cream
Butter
Lemon Juice
Sorrel Sauce For Fish
Parsley
Flat Parsley
Heavy Cream
Stiff Potato Purée
Stiff Parsley Purée
Flat Parsley
Flavorful Liquid Sauce Base
Plain Parsley Purée
Sweet Peppers
Sweet Peppers
Olive Oil
Sweet Peppers Purée
Sweet Red Peppers Purée 1
Fine Salt
Wine Vinegar 1
Olive Oil 3
Sweet Red Pepper Vinaigrette
Garlic
Garlic Heads
Olive Oil
Baked Garlic Purée
Watercess
Tomatoes
Raw Tomato Concassée
Cooked Tomato Concassée
Tomato Coulis
Traditional Tomato Sauces
- Italian Tomato Sauce
- French Tomato Sauce
- Mexican and Spanish Tomato Sauce
Onions
Onion
Heavy Cream
Butter
Stewed Onion Purée
Alternative Flavorings
Wine Vinegar
Red Pepper Purée
Tomato Purée

퓌레 2 Purees and Puree-Thickened Sauces / 생선에 발라 구이용으로 사용, 빵을 찍어 먹는 용도, 샐러드, 제과 제빵 첨가 재료, 소스 베이스용 / 퓌레를 소스로 사용할 때는 육수, 포도주, 우려낸 용액, 기름 혹은 크림을 추가하여 사용 / 양파퓌레는 돼지고기와 잘 어울림

● 검은색 : 식재료 ● 진한 빨간색 : 소스

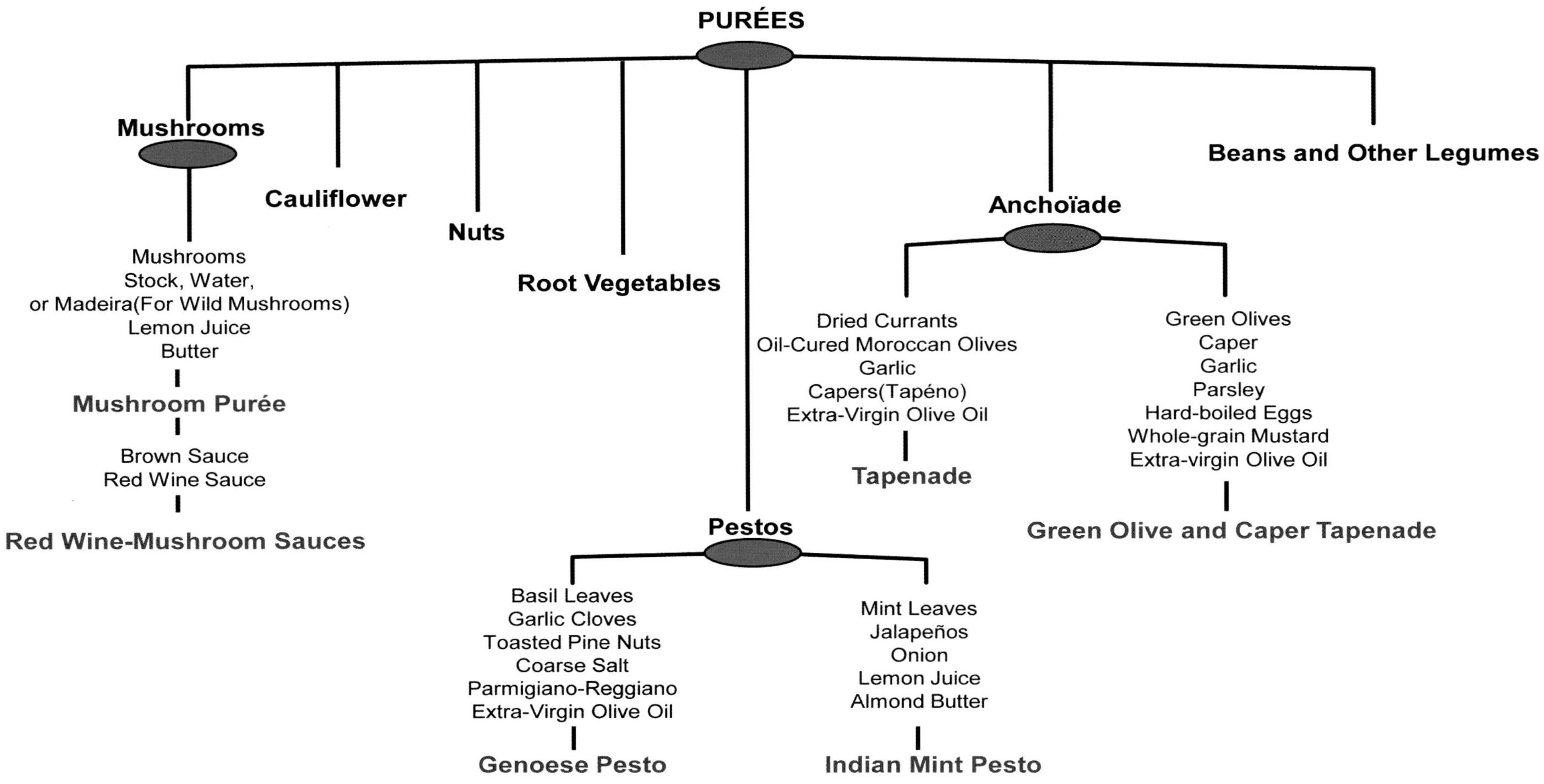

PURÉES
Mushrooms
Mushrooms
Stock, Water,
or Madeira(For Wild Mushrooms)
Lemon Juice
Butter
Mushroom Purée
Brown Sauce
Red Wine Sauce
Red Wine-Mushroom Sauces
Cauliflower
Nuts
Root Vegetables
Pestos
Basil Leaves
Garlic Cloves
Toasted Pine Nuts
Coarse Salt
Parmigiano-Reggiano
Extra-Virgin Olive Oil
Genoese Pesto
Mint Leaves
Jalapeños
Onion
Lemon Juice
Almond Butter
Indian Mint Pesto
Anchoïade
Dried Currants
Oil-Cured Moroccan Olives
Garlic
Capers(Tapéno)
Extra-Virgin Olive Oil
Tapenade
Green Olives
Caper
Garlic
Parsley
Hard-boiled Eggs
Whole-grain Mustard
Extra-virgin Olive Oil
Green Olive and Caper Tapenade
Beans and Other Legumes

12) 토마토 소스 Tomato Sauce

토마토 소스는 토마토를 기본으로 한 퓌레 소스이다.

토마토 소스와 토마토 페이스트는 전 세계에서 가장 많이 사용되는 퓌레 소스이다.

토마토 소스는 토마토가 기본 재료이고 붉은색의 소스로 이탈리아 요리의 파스타와 피자소스로 알려져 있다. 소스의 입자는 거칠며 토마토 자체의 성분으로 농도를 맞추어 준다.

좋은 토마토 소스를 만들려면 좋은 토마토를 사용하여야 한다. 토마토는 과육이 두툼하고 맛이 시거나 떫지 않아야 하며 단맛이 있어야 한다. 일반적으로 토마토 소스를 만들 때에는 신선한 토마토를 사용하거나 토마토 캔을 사용하고 미르포아와 마늘, 바질이나 오레가노 등을 넣어준다.

(1) 토마토 성분

토마토는 풍미를 담당하는 당분과 유기산이 약 65% 정도이고, 소스를 걸쭉하게 하는 농후제 역할을 하는 세포벽 탄수화물이 20% 정도가 있다. 시중에 판매되는 토마토 퓌레는 생토마토 수분의 30%만 함유되어 있다. 토마토 페이스트는 토마토 퓌레를 끓여서 생토마토에 있는 수분을 20%로 농축한 것이다. 따라서 토마토 페이스트를 사용하여 소스에 진한 풍미, 색상, 점도를 낼 때 사용한다. 토마토 퓌레에서 농후제 역할을 하는 세포벽은 펙틴과 셀룰로스로 구성되어 있고 또한 펙틴과 셀룰로스 분자들을 분해하는 역할을 하는 효소들이 같이 들어 있어 퓌레 상태에서 효소들이 세포벽 강화 물질을 분해하고 퓌레를 걸쭉하게 한다. 또한 가열에 의해 세포벽 강화 물질 대부분이 분해되며 농축되어 소스를 걸쭉하게 만든다.

이탈리아 스타일과 프랑스 스타일이 있다.

첫 번째, 이탈리아 스타일의 토마토 소스이다.

마늘, 양파를 올리브 오일에 볶다가 토마토를 넣고 끓여주어 퓌레 상태가 되면 바질을 첨가하여 만든 토마토 소스이다. 여기에 첨가되는 재료에 따라 볼로네즈 소스,

토마토 피자 소스 등 다양한 파생소스를 만들 수 있다.

볼로네즈 소스는 볼로냐 지방 스타일의 소스로 토마토 소스에 다진 소고기를 첨가하여 만든 것으로 미트 소스Meat Sauce이다.

두 번째, 프랑스 스타일의 토마토 소스이다.

밀가루와 버터를 사용하여 브라운 루를 만들고 여기에 토마토 페이스트를 첨가하여 볶다가 스톡을 넣어 만든 프랑스 전통 토마토 소스이다.

프로방살 소스는 프랑스 남부지방인 프로방스 스타일의 토마토 소스로, 버터에 다진 마늘을 볶은 후 토마토 다진 것을 넣어 끓인다. 이후 블랙올리브, 케이퍼, 양송이버섯을 작은 주사위 모양으로 다져서 넣어 10분간 끓여 만든다.

포르튀게르 소스는 프랑스 스타일의 토마토 소스로 버터에 마늘, 양파를 첨가한 후 끓여주고 마무리로 파슬리찹을 첨가하여 만든다.

(2) 토마토 쿨리

쿨리는 농도가 진한 퓌레의 한 유형이다.

토마토 퓌레 상태에서 좀더 농축하여 토마토 씨와 껍질들을 체에 걸러 제거해준 것으로 질감이 부드러운 것이 특징이다.

토마토 소스 Tomato Sauce / 라쟈냐, 파스타 소스, 고기 소스, 어패류 소스

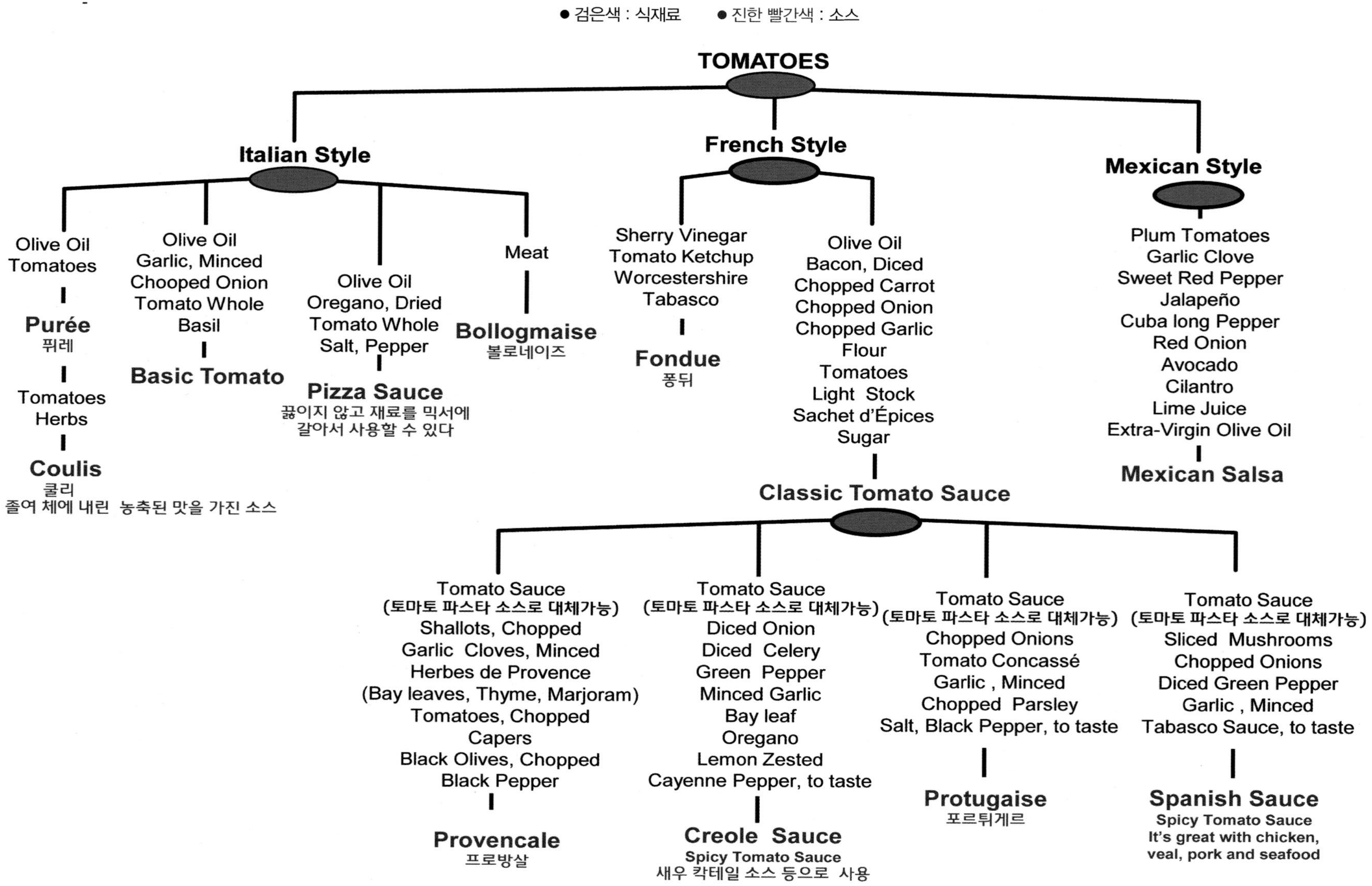

● 검은색 : 식재료
● 진한 빨간색 : 소스
TOMATOES
Italian Style
Olive Oil
Tomatoes
Purée
퓌레
Tomatoes
Herbs
Coulis
쿨리
졸여 체에 내린 농축된 맛을 가진 소스
Olive Oil
Garlic, Minced
Chooped Onion
Tomato Whole
Basil
Basic Tomato
Olive Oil
Oregano, Dried
Tomato Whole
Salt, Pepper
Pizza Sauce
끓이지 않고 재료를 믹서에
갈아서 사용할 수 있다
Meat
Bollogmaise
볼로네이즈
French Style
Sherry Vinegar
Tomato Ketchup
Worcestershire
Tabasco
Fondue
퐁뒤
Olive Oil
Bacon, Diced
Chopped Carrot
Chopped Onion
Chopped Garlic
Flour
Tomatoes
Light Stock
Sachet d'Épices
Sugar
Classic Tomato Sauce
Tomato Sauce
(토마토 파스타 소스로 대체가능)
Shallots, Chopped
Garlic Cloves, Minced
Herbes de Provence
(Bay leaves, Thyme, Marjoram)
Tomatoes, Chopped
Capers
Black Olives, Chopped
Black Pepper
Provencale
프로방살
Tomato Sauce
(토마토 파스타 소스로 대체가능)
Diced Onion
Diced Celery
Green Pepper
Minced Garlic
Bay leaf
Oregano
Lemon Zested
Cayenne Pepper, to taste
Creole Sauce
Spicy Tomato Sauce
새우 칵테일 소스 등으로 사용
Tomato Sauce
(토마토 파스타 소스로 대체가능)
Chopped Onions
Tomato Concassé
Garlic , Minced
Chopped Parsley
Salt, Black Pepper, to taste
Protugaise
포르튀게르
Tomato Sauce
(토마토 파스타 소스로 대체가능)
Sliced Mushrooms
Chopped Onions
Diced Green Pepper
Garlic , Minced
Tabasco Sauce, to taste
Spanish Sauce
Spicy Tomato Sauce
It's great with chicken,
veal, pork and seafood
Mexican Style
Plum Tomatoes
Garlic Clove
Sweet Red Pepper
Jalapeño
Cuba long Pepper
Red Onion
Avocado
Cilantro
Lime Juice
Extra-Virgin Olive Oil
Mexican Salsa

13) 파스타 소스 Pasta Sauce

이탈리아 사람들은 올리브 오일을 소스로 사용한 파스타를 즐겨 먹는다.

이탈리아 요리는 올리브 오일을 많이 사용한다. 올리브 오일을 사용하여 식재료 자체의 맛을 살린 건강요리로 소스가 극도로 억제되어 사용된다. 우리가 알고 있는 이탈리아 요리는 다분히 소스가 강조되고 변형된 것이다. 예를 들어 카르보나라 스파게티를 보면 한국, 일본, 미국에서는 생크림을 넣어 만들지만 이탈리아에서는 생크림을 쓰지 않거나 1T 정도만 넣는다.

이탈리아에서는 진하고 지방성분이 강하지 않은 가벼운 소스가 주를 이루며 대표적인 것이 올리브 오일 소스이다. 이탈리아 향신료의 으뜸은 올리브 오일이며 이탈리아 요리의 거의 모든 요리에 들어간다. 올리브 오일은 향긋하고 고소하여 자체가 소스이다. 실제로 이탈리아에서는 걸쭉한 소스보다는 올리브 오일로 가볍게 드레싱을 해서 재료의 맛을 살려서 먹는다.

생파스타는 크림, 버터, 고기를 이용한 소스가 어울리고 건파스타는 토마토, 야채로 만든 소스와 어울린다.

파스타는 이탈리아 지역마다 약간의 특색이 있다. 북부는 생면을 이용해 파스타를 즐기고, 남부는 건면을 많이 이용한다. 생면은 치즈와 달걀을 넣어 만든다.

생면은 주로 실처럼 길게 만들고 더욱 풍부한 풍미와 질감을 갖는 소스와 곁들여진다. 예를 들어, 크림, 버터, 고기와 같은 재료를 사용하여 파스타를 요리한다. 남부에서는 건파스타를 즐겨 먹는데 다양한 모양을 갖고 있다. 건파스타와 어울리는 소스는 토마토 계열이거나 야채로 만든 소스들과 곁들여 요리한다.

파스타 소스는 7가지로 구분할 수 있다.

첫째, 올리브 오일과 버터를 이용한 파스타 소스이다.

파스타를 올리브 오일이나 버터를 볶아 향긋하고 고소한 맛을 첨가한 후 마무리로 파마산 치즈를 위에 뿌려 만드는 것이다. 멸치절임, 케이퍼, 단맛나는 고추들, 마늘,

허브들, 올리브, 페퍼로치노, 잣, 트러플을 첨가하여 다양한 맛을 낼 수 있다.

버터는 그 자체가 소스가 갖고 있는 성질을 고루 갖고 있다. 버터를 입안에 넣으면 짙고 풍부하고 섬세한 풍미가 입안 가득 퍼지면서 긴 여운을 남긴다.

녹인 버터의 질감은 소스 농도와 같다. 녹인 버터의 농도 덕분에 물보다 느리게 움직이며 끈적끈적하다. 그래서 녹인 버터는 전체 버터이든 수분을 제거한 정제버터이든 간소하면서도 맛있는 소스의 재료가 된다.

둘째, 크림을 기초로 한 파스타 소스이다.

크림은 따로 소스를 만들 필요가 없다. 자체가 소스가 갖고 있어야 할 풍미와 농도를 갖고 있기 때문이다. 크림을 입안에 넣게 되면 퍼지는 긴 여운과 짙고 풍부하면서 섬세한 풍미를 느낄 수 있다. 크림은 전형적인 소스의 원형이라 할 수 있다. 크림이 소스처럼 사용될 수 있는 것은 헤비 크림이나 휘핑 크림은 크림 함량이 38%이다. 이 크림이 지방의 공급원이며 다른 약한 유화액들을 안정화시키는 데 도움을 주는 단백질과 유화제 분자들을 공급해주어 소스처럼 사용할 수 있다.

크림 파스타 소스에 곁들여 풍미와 맛을 좋게 하는 재료로는 마른 버섯들, 프로슈트(말린 돼지고기), 호도 등이 있다.

셋째, 돼지고기 가공육을 이용한 파스타 소스이다.

잘 알려진 파스타 소스는 올리브 오일, 버터, 크림에 기초한 소스이지만 이탈리아 사람들은 풍미가 좋고 맛있는 다양한 돼지고기 제품을 가지고 파스타를 만들어 먹는다. 대표적으로 향신료가 많이 들어간 이탈리아 햄인 프로슈트, 판세타(베이컨 같은), 스모크하지 않은 베이컨 등이 있다. 이들 재료로 판체타와 달걀, 그리고 파마산 치즈를 곁들인 스파게티 등을 만들 수 있다. 이것을 이탈리아 사람들은 카르보나라 스파게티라고 한다. 이탈리아 전통 돼지 지방이 많은 햄인 구안치알레(guanciale : 돼지의 목과 볼을 이용해 만든 이탈리아 베이컨), 판체타(pancetta : 삼겹살을 향초에 염장한 생햄) 혹은 프로슈토(prosciutto : 이탈리아 생햄)를 작게 조각내어 프라이팬에 볶아 바삭바삭하게 만들어 반은 파스타 볶을 때 넣고 반은 위에 가니시로 사용한다. 돼지 지방이 남아 있는 프라이팬에 마늘을 넣고 볶다가 스파게티를 넣고 섞어준다. 달걀 노른자에 소금과 후추, 그리고 파마산 치즈가루를 섞어 까르보나라 소스를 만들어 스파게티에 섞어준다. 마무리로 파마산 치즈가루와 바삭바삭한 돼지고기 조각을 위에 올려준다. 이처럼 이탈리아에서는 생크림을 쓰지 않고 올리브와 돼지고기를 이용해 파스타를 즐겨 만들어 먹는다.

넷째, 해물을 이용한 파스타 소스이다.

조개류를 이용하거나 생선을 이용해 소스를 만들어 파스타와 곁들여 요리한다. 모시조개와 올리브 오일, 화이트와인으로 맛을 낸 소스를 봉골레 소스라고 한다. 달군 프라이팬에 올리브 오일을 두르고 으깬 마늘과 이탈리아 매운 고추인 페페로치노를 볶아 향을 낸 후 삶은 면과 손질한 조개를 볶는다.

다섯째, 야채를 이용한 파스타 소스이다.

대부분의 야채소스는 올리브 오일이나 버터를 이용해 야채를 볶아 푹 끓여줌으로써 만들 수 있다. 야채소스에 때때로 크림, 마늘, 멸치절임, 잣, 건포도, 허브 등을 넣어 주기도 한다. 야채소스재료로는 토마토, 시금치, 근대, 브로콜리, 케일, 아티초크, 아스파라거스, 완두콩, 그린 빈스, 펜넬, 양송이, 트러플 등이 있다.

여섯째, 고기를 이용해 만든 파스타 소스이다.

다양한 고기를 이용해 미트 소스를 만들 수 있다. 예를 들어 소고기, 송아지고기, 돼지고기, 토끼, 오리와 여러 가지 고기 부속물인 췌장, 뇌, 콩팥, 닭과 오리의 간 등이다. 이들 재료 중 소고기를 이용해 만든 라구ragú가 가장 유명하다. 다른 이름으로 볼로네즈라고 부르며 토마토 소스에 다진 고기를 섞어 만드는 미트 소스이다. 볼로냐 지방에서 처음 만들어 볼로네즈라고 부른다.

일곱째, 토마토를 이용해 만든 파스타 소스이다.

이탈리아 요리사는 여러 가지 방법으로 토마토를 이용해 소스를 만든다. 고기와 함께 넣고 천천히 끓여 라구 소스를 만들거나 해물 소스에 넣기도 한다. 파스타를 볶을 때 생토마토를 다져 넣기도 한다.

주로 올리브 오일과 허브 그리고 올리브, 멸치절임, 케이퍼 등과 함께 사용한다.

파스타 소스 Pasta Sauce / 파스타 소스, 고기 소스, 어패류 소스

● 검은색 : 식재료 ● 진한 빨간색 : 소스

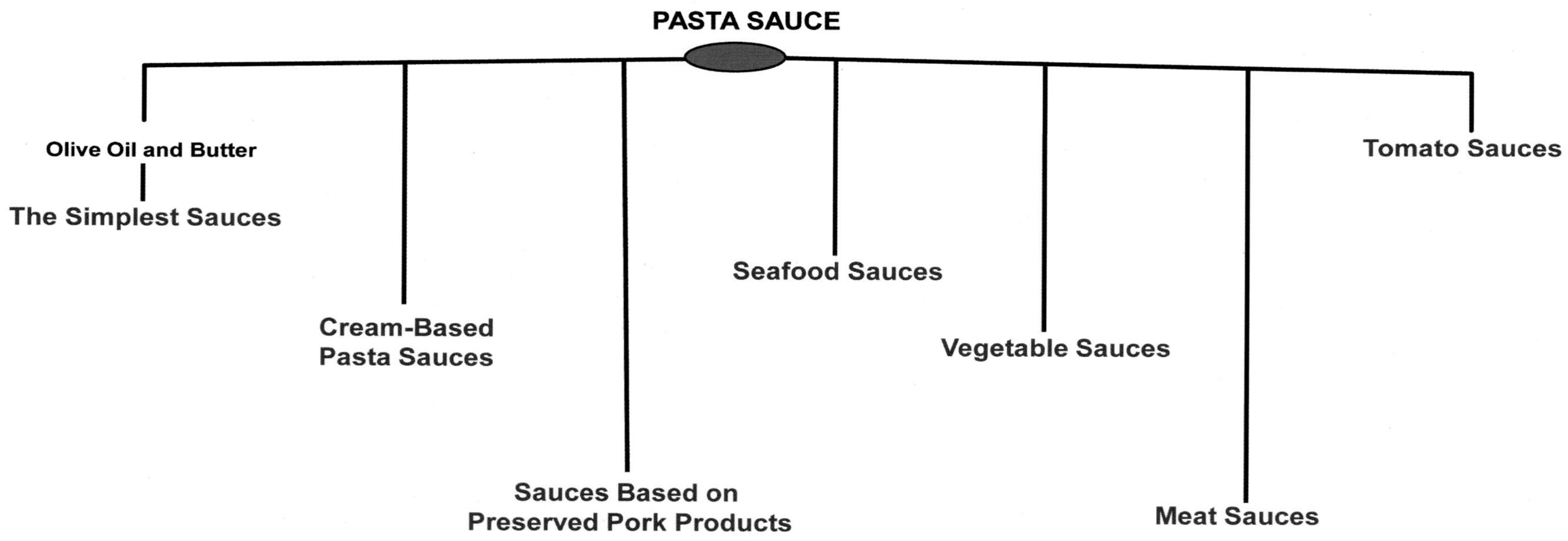
PASTA SAUCE
Olive Oil and Butter
The Simplest Sauces
Cream-Based Pasta Sauces
Sauces Based on Preserved Pork Products
Seafood Sauces
Vegetable Sauces
Meat Sauces
Tomato Sauces

14) 코팅 소스 Coating Sauce

쇼 프후와Chaud-Froid는 데미글라스, 베샤멜, 벨루테에 젤라틴을 넣어서 만든다.

쇼 프후와는 "뜨겁고 – 차다"라는 뜻이다. 소스가 만들어지는 방법을 의미한다. 젤라틴을 불려 용액에 넣어 녹여준 후 쉽게 부어질 수 있게 뜨거운 물 위에 다른 용기에 담아서 따뜻하게 보관한다.

다음 단계로 평평한 용기를 차가운 얼음물에 올려두고 부어 굳힌다.

쇼 프후와의 다른 종류인 마요네즈 콜리Mayonnaise Collée는 마요네즈나 샤워크림에 찬물에 불린 젤라틴을 첨가하여 만든 흰색의 코팅 소스이다. 콜리Collée는 "들러붙게 하다"라는 뜻의 프랑스어이다.

아스픽 젤리Aspic Jellies는 맑은 스톡, 주스 혹은 원액Essence을 원하는 점도를 가질 만큼 충분한 젤라틴을 넣어서 만든다.

찬물에 젤라틴을 넣어 수분을 흡수하도록 한다. 이때 이것을 블루밍Blooming이라고 하고 불려진 젤라틴을 블룸 젤라틴Bloom Gellatin이라고 한다.

불린 젤라틴을 이용하여 아스픽 젤리 만드는 방법은 2가지 방법이 있다.

첫째로는 바로 따뜻한 용액에 넣는 것이고, 둘째로는 뜨거운 물 위에 중탕의 방법을 이용하여 혼합액을 따뜻하게 하고 불린 젤라틴을 첨가하여 섞어주는 방법이다.

젤라틴의 장력을 실험하기 위한 방법은 아스픽 젤리를 차가운 접시에 부어 냉장고에 10분 정도 넣어 보는 것이다. 냉장고에 있는 접시 속 아스픽 젤리를 손가락으로 눌러 보아 장력을 확인한다.

결과를 확인하고 젤라틴을 더 넣거나 용액을 더 넣어서 원하는 장력의 아스픽 젤리를 만들 수 있다.

15) 디저트 소스 Dessert Sauce

디저트는 코스 요리 마지막에 제공되는 요리이며 전체 코스 평가에 영향을 많이 미치기 때문에 보다 화려하고 정성이 보이도록 연출해야 한다.

디저트 소스의 역할은 주재료의 맛을 향상시키고 디저트의 상품 품질을 돋보이게 하는 것이다.

디저트의 완성도에 따라 전체 코스 요리에 대한 평가가 달라진다.

디저트로 제공될 수 있는 종류는 파이류, 과일류, 케이크류, 젤라틴류, 푸딩류, 아이스크림류, 셔벗, 치즈류의 8가지 종류이다. 여러 종류의 디저트들은 어울리는 소스를 사용함으로써 디저트의 상품 품질을 향상시킨다. 즉, 구색과 감미, 산미, 수분을 더해 주고 색감을 좋게 하여 시각적인 아름다움을 만들어 내어 디저트를 돋보이게 한다. 예를 들어 당도가 낮은 시큼한 과일의 경우는 크림 앙글레즈Cream Anglaise나 사바용Sabayon 같은 감미로운 맛의 소스와 함께 제공하는 것이 좋다. 이러한 소스는 시큼한 과일의 신맛을 감소시킨다. 또한 케이크나 페스트리와 같이 단 디저트에는 달지 않은 과일을 고아서 만든 쿨리Coulis 소스가 어울린다.

디저트 소스는 주재료에 따라 달걀 노른자를 이용한 소스, 초콜릿을 이용한 소스, 캐러멜을 이용한 소스, 과일을 이용한 소스로 구분하였다.

달걀 노른자를 이용해서 만든 크림 앙글레즈, 사바용 소스가 있고 초콜릿을 이용한 가나슈, 초콜릿 소스가 있다. 또한 설탕을 가열하여 만든 캐러멜을 이용해서 캐러멜 크림소스, 버터스카치 소스를 만든다. 과일과 설탕시럽을 이용해 만든 과일 쿨리Coulis가 있다.

디저트 소스 Dessert Sauce

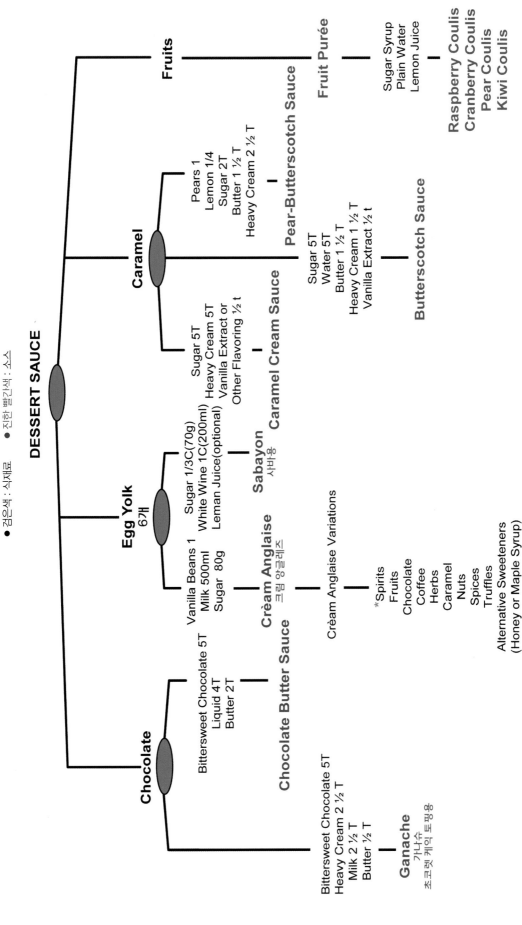

● 검은색 : 식재료 ● 진한 빨간색 : 소스

DESSERT SAUCE

Chocolate

- Bittersweet Chocolate 5T, Heavy Cream 2 ½ T, Milk 2 ½ T, Butter ½ T → **Ganache** 가나슈 초코렛 케익 토핑용
- Bittersweet Chocolate 5T, Liquid 4T, Butter 2T → **Chocolate Butter Sauce**

Egg Yolk 6개

- Vanilla Beans 1, Milk 500ml, Sugar 80g → **Crèam Anglaise** 크림 앙글레즈 → Crèam Anglaise Variations → *Spirits, Fruits, Chocolate, Coffee, Herbs, Caramel, Nuts, Spices, Truffles, Alternative Sweeteners (Honey or Maple Syrup)
- Sugar 1/3C(70g), White Wine 1C(200ml), Leman Juice(optional) → **Sabayon** 사바용

Caramel

- Sugar 5T, Heavy Cream 5T, Vanilla Extract or Other Flavoring ½ t → **Caramel Cream Sauce**
- Sugar 5T, Water 5T, Butter 1 ½ T, Heavy Cream 1 ½ T, Vanilla Extract ½ t → **Butterscotch Sauce**
- Pears 1, Lemon 1/4, Sugar 2T, Butter 1 ½ T, Heavy Cream 2 ½ T → **Pear-Butterscotch Sauce**

Fruits

- **Fruit Purée** → Sugar Syrup, Plain Water, Lemon Juice → **Raspberry Coulis**, **Cranberry Coulis**, **Pear Coulis**, **Kiwi Coulis**

*알코올 성분이 강한 증류주로 진, 럼, 위스키, 보드카 등이 있다.

3
PART
실기편

Chapter 1. **Stock, Glace, Roux** _ 스톡, 글라스, 루
Chapter 2. **Brown Sauces** _ 브라운 소스
Chapter 3. **White Sauces** _ 화이트 소스
Chapter 4. **Fish Sauces** _ 생선 소스
Chapter 5. **Hot Emulsified Egg Yolk Sauces** _ 따뜻한 달걀 노른자 소스
Chapter 6. **Butter Sauces** _ 버터 소스
Chapter 7. **Mayonnaise-Based Sauces** _ 마요네즈 소스
Chapter 8. **Vinegar & Oil Sauces** _ 식초 & 오일 소스
Chapter 9. **Puree** _ 퓌레
Chapter 10. **Pasta Sauces** _ 파스타 소스
Chapter 11. **Condiments** _ 곁들임 소스
Chapter 12. **Dessert Sauces** _ 디저트 소스
Chapter 13. **Creative Sauces** _ 혁신적인 소스

All About SAUCES

01 CHAPTER

Stock, Glace, Roux

스톡, 글라스, 루

Beef Stock 소고기 육수 _ 1
Chicken Stock 닭 육수 _ 2
Fish Stock 생선 육수 _ 3
Court Bouillon 쿠르브이용 _ 4
Meat Bouillon 브이용 _ 5
Brown Stock 브라운 스톡 _ 6
Glace de Viande 글라스 드 비앙드 _ 7
Roux 루 _ 8

01

epicurean

Beef Stock

소고기 육수

Ingredients

소고기 1kg	당근 100g	물 5L	월계수잎 2장
정향 1개	양파 150g	부케가르니 1개	셀러리 100g
마늘 2개	대파 100g	통후추 4알	사골뼈 2kg

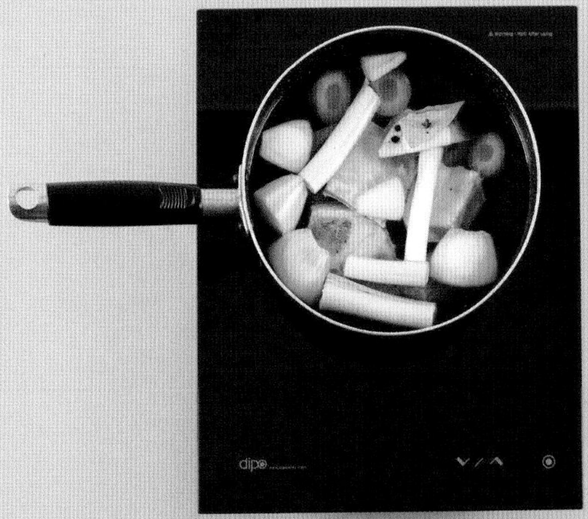

1 2

3 4 5

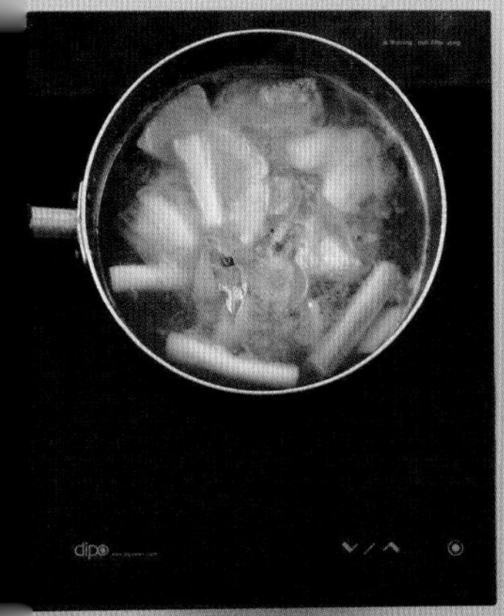

Method

1 뼈와 고기를 잘게 썰어서 물에 담가 피를 뺀다.

2 찬물에 뼈와 고기를 넣고 핏물이 안 나올 때까지 충분히 데쳐주고 데친 후에는 흐르는 물로 깨끗이 헹궈준다.

3 소스팟에 준비한 채소와 고기를 넣고 약 8시간 정도 천천히 끓이면서 거품을 거두어 낸다.

4 가열이 끝나면 고운체로 걸러서 사용한다.

02

Chicken Stock

닭고기 육수

Ingredients

닭뼈 1kg
양파 150g
물 4L
월계수잎 1장
마늘 2개
당근 80g
정향 1개
셀러리 80g
대파 100g
타임 2g
통후추 3알

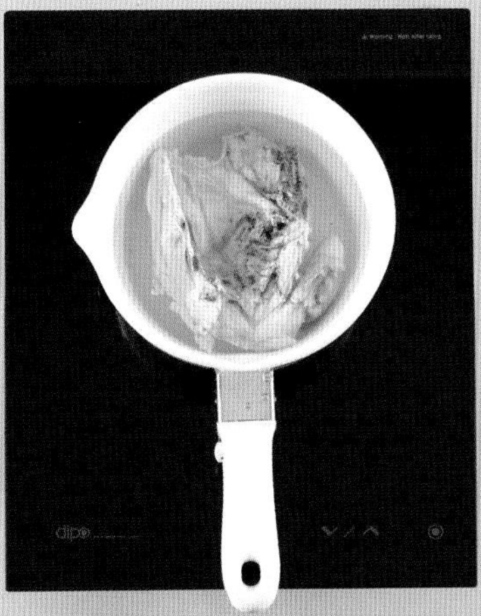

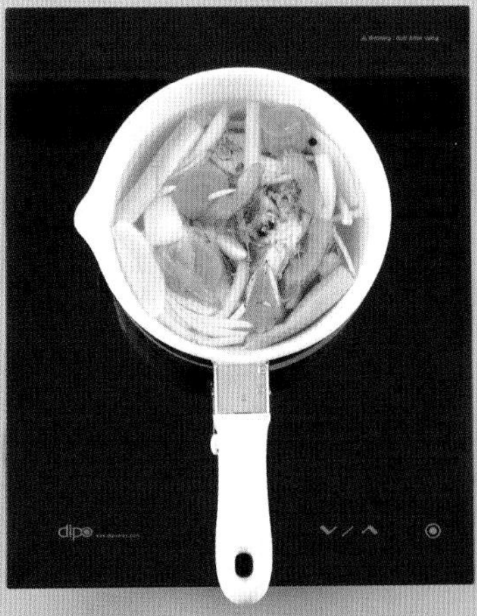

1 2

3

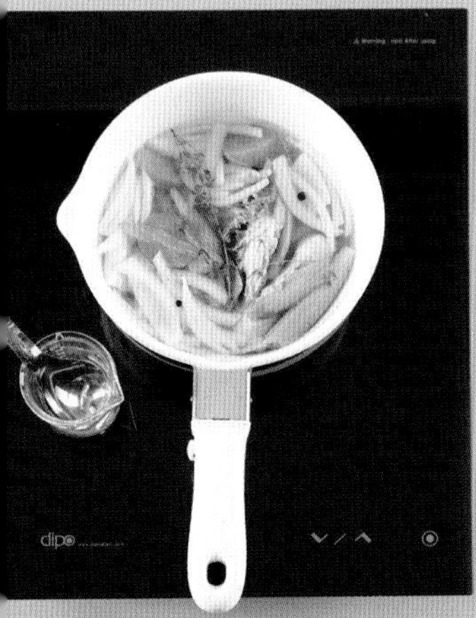

4

5

Method

1 닭뼈는 찬물에 거품, 냄새, 맛 등을 빼기 위하여 삶아준다.

2 거품이 생기면 걷어내고 찬물에 닭뼈를 씻어준다.

3 육수를 만드는 통에 물, 닭뼈, 채소, 향신료를 넣고 천천히 끓여준다.

4 약한 불에서 은근하게 2시간 정도 끓여주고 중간중간에 거품을 제거해준다.

5 완성된 육수는 고운체를 이용하여 걸러주고 냉각시켜 준다.

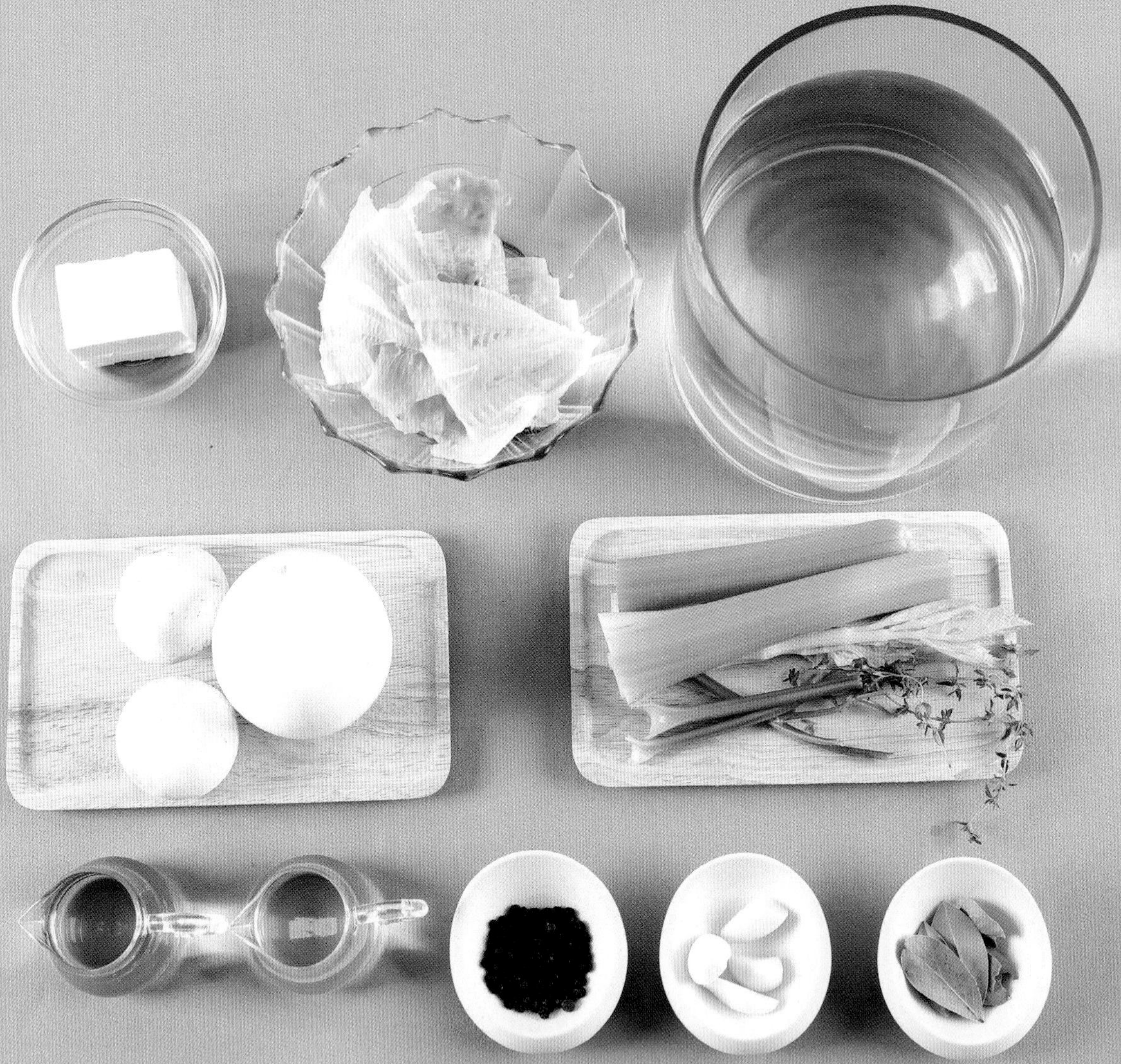

Fish Stock

생선 육수

Ingredients

생선뼈 1kg
셀러리 100g
버섯 20g
마늘 2알
타임, 월계수잎 2장
화이트와인 50ml
양파 150g
파슬리줄기 10g
버터 50g
물 5L
통후추 3g
브랜디 30ml

Chef's Tips

- 피시 스톡은 오래 끓이면 군내가 나기 때문에 가능한 한 시간 이내로 끓여야 한다.
- 생선은 가능한 비린내가 덜 나는 흰살생선(광어, 넙치 등)을 사용한다.

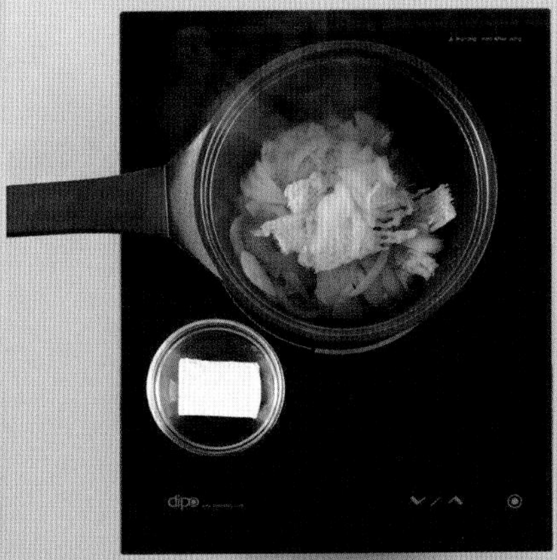

1

2

3

4

5

6

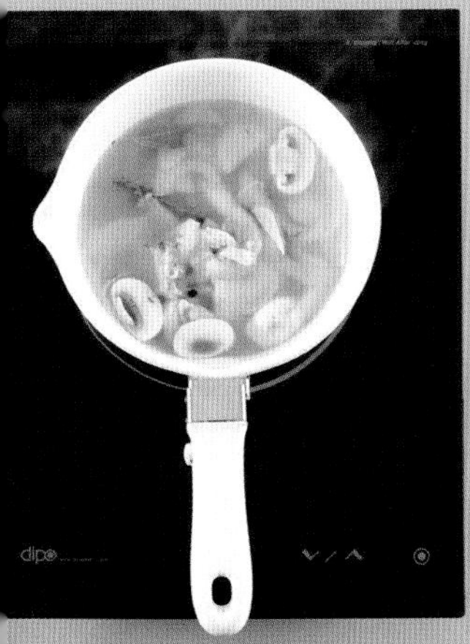

Method

1 생선뼈는 물에 담가 불순물과 피를 빼주고 칼로 작게 잘라준다.
2 양송이, 셀러리, 양파는 슬라이스 해준다.
3 버터를 두른 팬에 슬라이스한 양파, 셀러리를 넣고 볶다가 생선뼈를 넣고 색이 나지 않게 볶은 후 화이트와인을 넣고 졸여준다.
4 물을 넣고 센 불에서 끓이다가 버섯을 넣어주고 불을 약하게 줄여서 은은하게 끓여준다.
5 스톡이 완성되면 생선뼈와 야채는 고운체로 걸러준다.

04

Court Bouillon

쿠르브이용

Ingredients

물 3L
식초 30ml
월계수잎 1장
셀러리 100g
양파 150g
화이트와인 50ml
통후추 5g
타임 5g
파슬리줄기 5g
레몬 1ea
소금 3g

Chef's Tips

- 쿠르브이용은 그 자체로 음식에 쓰이기보다는 어류나 육류 혹은 가금류를 맛있게 데치기 위한 용도로 사용된다.
- 쿠르브이용은 2가지가 있다. 첫번째, 식초와 야채와 물을 넣어 만든 어패류 데침용이다. 두번째, 야채와 물을 넣어 만든 야채육수가 있다.

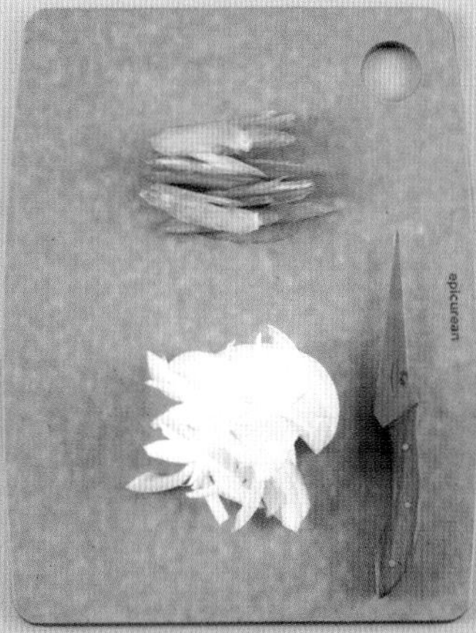

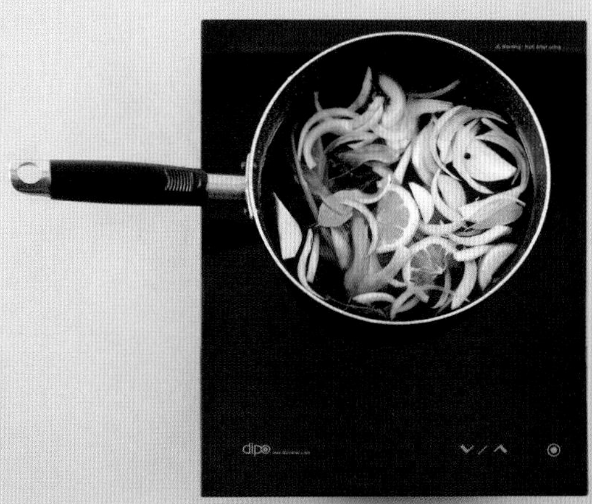

1 2

3

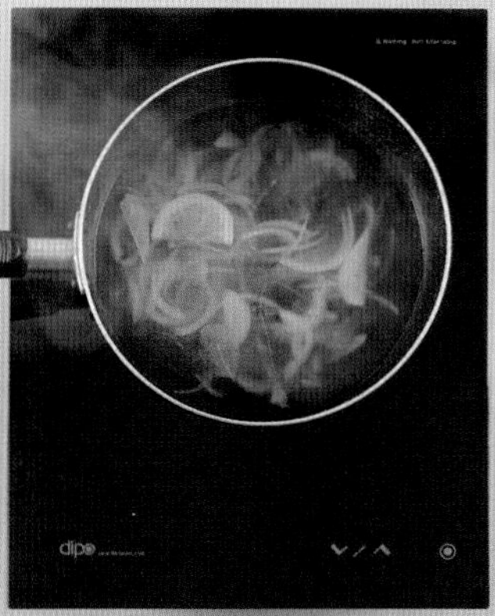

4

5

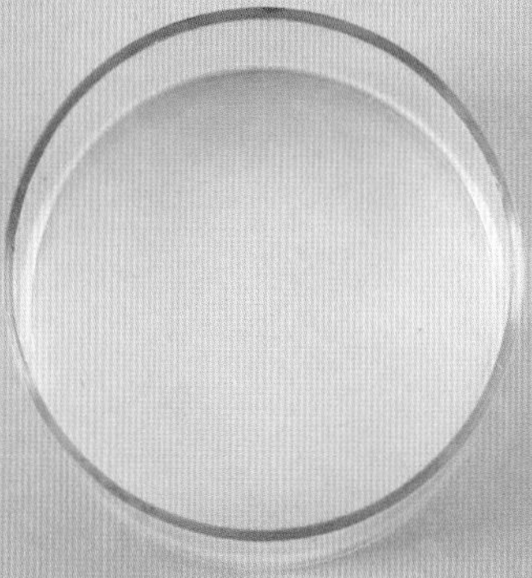

Method

1 셀러리, 양파는 줄리엔으로 준비한다.

2 냄비에 물을 담고 후추를 제외한 모든 재료들을 같이 넣어준다.

3 20분간 뭉근하게 끓여서 야채국물이 충분히 우러나면 통후추를 넣고 10분 정도 더 끓여준다

4 고운체로 걸러준다.

05

epicurean

Meat Bouillon

브이용

Ingredients

소고기 600g
당근 50g
대파 50g
마늘 2개
월계수잎 2g
통후추 3알
양파 150g
셀러리 100g
타임, 클로브 1g
물 5L

Chef's Tips

- 주로 soup base로 많이 사용하며 가능한 맑게 끓여내야 수프색에 영향을 끼치지 않게 된다.
- 끓일 때 뚜껑을 덮게 되면 고기 누린내가 나고 육수가 탁해진다.

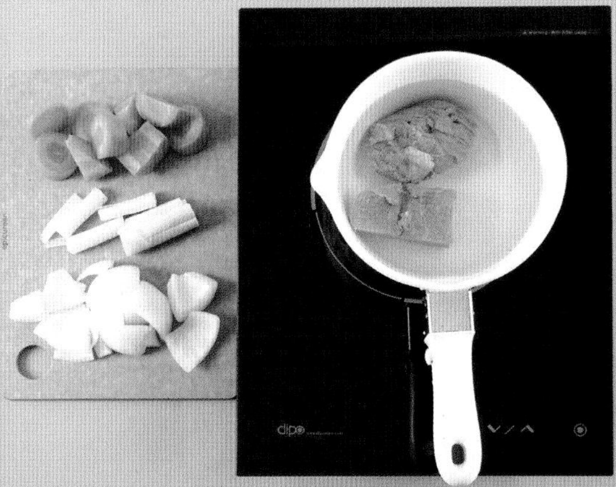

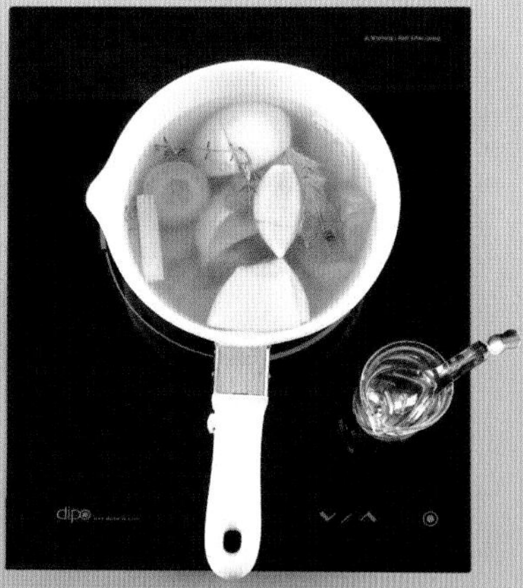

1 2

3 4

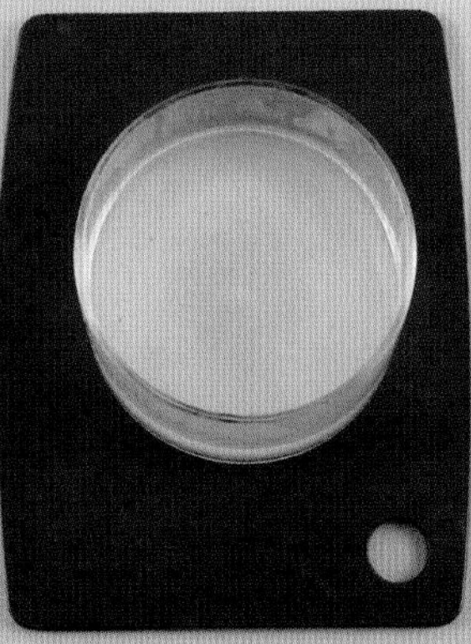

Method

1 채소는 3cm 크기로 썰고 고기는 찬물에 넣어 끓인다.

2 1시간 정도 끓인 후에 남은 채소를 넣고 3시간 정도 약한 불에서 뚜껑을 열고 은근하게 끓여준다.

3 고운체로 걸러준다.

06

Brown Stock

브라운 스톡

Ingredients

소뼈 1kg
당근 100g
양파 200g
마늘 10g
토마토 200g
토마토 페이스트 20g
부케가르니 1개
비프 스톡 3L
셀러리 50g
버터 30g
대파 30g
통후추 5알
정향 2g

Chef's Tips

- 소고기뼈로 만드는 브라운 스톡은 서양요리에서 가장 많이 쓰이는 소스재료로 주로 육류 요리에 이용된다.

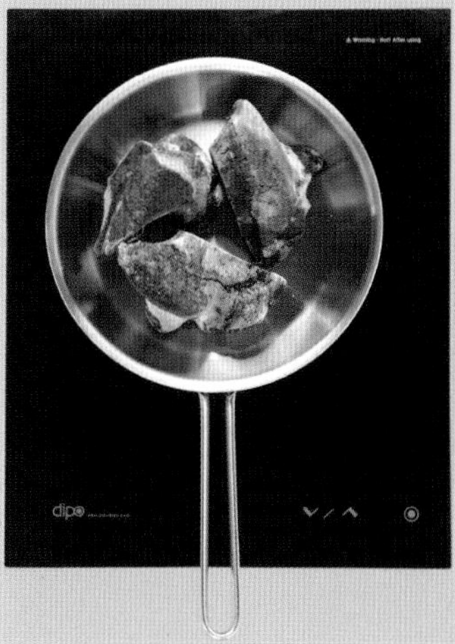

1 2

3 4 5

Method

1 로스팅팬에 뼈를 넣고 앞뒤로 돌려가며 색이 날 때까지 구워준다(오븐이 있을 경우 오븐에 구워준다).

2 팬에 당근, 양파 등의 미르뽀와를 넣고 10분 정도 볶아준다. 브라운색이 나면 토마토 페이스트를 넣고 볶아주다가 토마토도 같이 넣어준다.

3 2에 레드와인을 넣고 졸인 후 통후추와 부케가르니를 넣은 후 구운뼈와 찬물을 넣고 1시간 정도 끓여준다.

4 육수색이 날 때까지 5~6시간 정도 끓여주고 색과 농도가 나면 뼈와 야채를 고운체에 걸러준다.

Cooking Process Tip

- 끓는 중간에 거품과 기름을 잘 제거해야 맑은 스톡이 나온다.
- 스톡을 거를 때는 차이나캡에 소창을 덧대서 걸러주어야 빛깔이 예쁜 스톡을 얻을 수 있다.
- 거의 모든 갈색 소스에 기본 스톡으로 사용한다.

Glace de Viande

글라스 드 비앙드

Ingredients

사골뼈 2kg
양파 150g
물 5L
셀러리 80g
당근 80g
부케가르니 1ea
마늘 2개

Chef's Tips

- 글라스 드 비앙드는 육수(fond de veau)를 반으로 졸이면 데미글라스(demi-glace)이고 이것을 졸이면 글라스 드 비앙드(glace de viande)가 된다.
- 약한 불에서 은근히 졸여야만 한다.

07

1

2

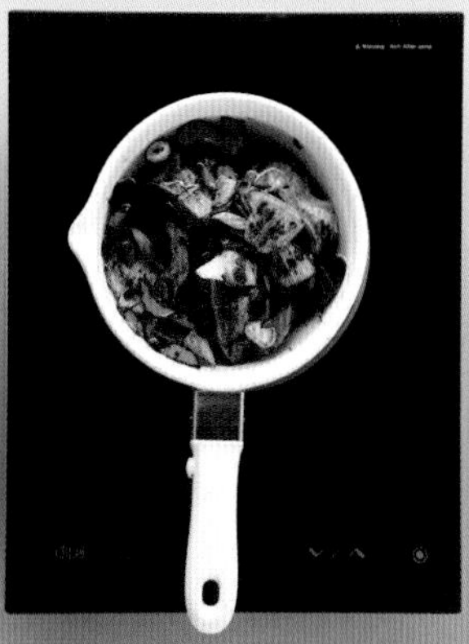

3

4

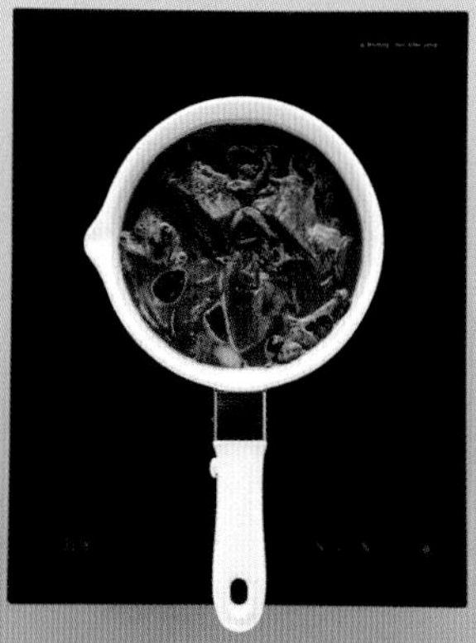

5

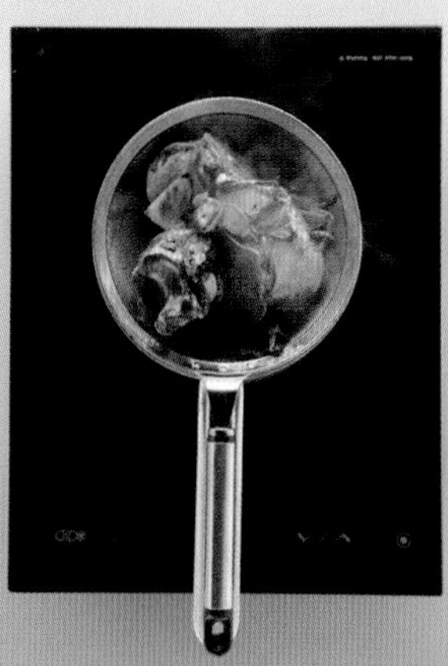

6

Method

1 소의 뼈와 고기를 오븐에서 180도에서 40분간 갈색이 나도록 굽는다. 오븐이 없을 경우 프라이팬에서 굽는다.

2 양파, 당근, 셀러리는 슬라이스해서 색이 날 때까지 볶아준다.

3 구운 소뼈를 **2**에 넣고 다시 한 번 볶아준다.

4 **3**에 물을 넣고 부케가르니를 넣은 후 5~6시간 정도 끓여준다.

5 스톡이 완성되면 소뼈와 야채는 고운체로 걸러준다.

6 스톡을 1/10으로 졸여준다.

08

epicurean

Roux

루

Ingredients

밀가루 125g

버터 100g

Chef's Tips

• 밀가루는 고운체에 내려서 사용해야 덩어리가 덜 생긴다.
• 버터를 녹일 때 낮은 온도에서 녹여야 원하는 루를 얻을 수 있다.

1 2

3

Method

1 냄비에 버터를 넣고 색이 나지 않게 천천히 녹인다.

2 밀가루는 체에 쳐서 녹인 버터에 첨가한다.

3 나무주걱을 이용해서 버터와 밀가루가 색이나 덩어리가 생기지 않도록 볶아준다.

Cooking Process Tip

• 약한 불에서 천천히 볶아야 고소한 맛을 느낄 수 있다.

All About SAUCES

02
CHAPTER

Brown Sauces
브라운 소스

Espagnole Sauce 에스파뇰 소스 _ 9
Demi-Glace Sauce 데미글라스 소스 _ 10
Madere Sauce 마디라 소스 _ 11
Black Pepper Sauce 블랙페퍼 소스 _ 12
Chasseur Sauce 양송이 소스 _ 13
Bigarade Sauce 비가라드 소스 _ 14
Beaujolaise Wine Sauce 보졸레 와인 소스 _ 15

09

Espagnole Sauce

에스파뇰 소스

Ingredients

브라운 스톡 2L	파슬리줄기 10g	버터 330g	당근 80g
밀가루 340g	토마토 페이스트 60g	오일 50ml	베이컨 30g
타임, 후추 5g	월계수잎 1장	양파 150g	셀러리 80g

Chef's Tips

- 에스파뇰은 갈색 소스를 대표하는 소스 중의 하나이다.

1

2

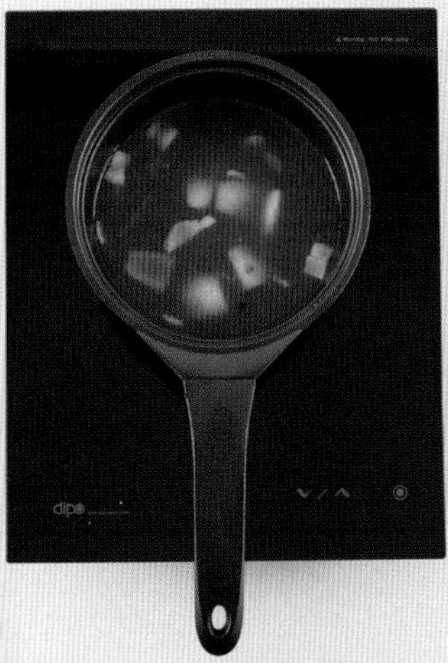

3

4

5

Method

1 브라운 루를 만들고 토마토 페이스트를 넣어 볶는다.

2 베이컨, 당근, 양파, 셀러리를 갈색이 나게 볶아 1에 넣고 스톡을 넣어준다.

3 스톡이 1시간 정도 끓으면 파슬리 줄기와 허브를 넣고 2시간 정도 끓여준다.

4 고운체로 걸러 사용한다.

Cooking Process Tip

• 토마토 페이스트는 식용유를 팬에 넣고 페이스트를 넣은 후 타지 않는 상태에서 오랫동안 볶아주어야 신맛이 없이 토마토의 맛을 낼 수가 있다.

10

Demi-Glace Sauce

데미글라스 소스

Ingredients

에스파뇰 소스 2L　　비프 스톡 2L

Chef's Tips

- 갈색 소스의 베이직 소스라 불린다.
- 에스파뇰 소스와 스톡을 넣고 1/2로 졸여서 사용한다.

1

2

Method

1 에스파뇰 소스와 비프 스톡을 소스팬에 섞어준다.

2 약한 불에서 1/2로 졸여준다.

Cooking Process Tip

• 사용용도에 따라 와인이나 로즈마리, 타임 같은 허브류를 같이 넣고 졸여서 사용하면 소스가 재분류된다.

11

1/4 cup | 59 ml

Madere Sauce

마디라 소스

Ingredients

데미글라스 500ml

마디라 와인 60ml

Chef's Tips

• 마디라 와인은 포르투갈령인 마티라섬에서 만들어지는 주정강화와인으로 섬 전체가 밀림으로 덮여 있어 마디라(포르투칼어로 산림의 뜻)로 이름 붙여졌다.

1 2

3

Method

1 마디라 와인을 1/2로 졸이고 데미글라스를 넣어준다.

2 표면에 떠오르는 거품과 찌꺼기를 제거해준다.

3 약한 불에서 은근히 끓여서 2컵 분량으로 졸여준다.

12

1/4 cup | 59 ml

Black Pepper Sauce

블랙페퍼 소스

Ingredients

데미글라스 200ml
생크림 30ml
양파 30g
마늘 1개
레드와인 20ml
버터 5g
통후추 5g
프렌치 머스타드 5g
화이트와인 10ml

1 2

3 4

Method

1 팬에 버터를 녹이고 양파찹, 마늘찹, 통후추를 넣고 볶다가 머스타드와 화이트와인을 넣고 졸여준다.

2 후추가 브라운색으로 잘 볶아지면 레드와인을 넣고 2/3로 졸여준다.

3 **2**에 데미글라스 소스를 넣고 다시 한 번 반으로 졸인다.

4 팬에 생크림을 넣고 반으로 졸인다.

Chasseur Sauce(Mushroom Sauce for Chicken)

양송이 소스

Ingredients

버터 50g
양송이 슬라이스 100g
샬롯 50g
화이트와인 50ml
코냑 30ml
데미글라스 200ml
처빌 1tsp
타라곤 1tsp
토마토 소스 100g

1 2

3 4

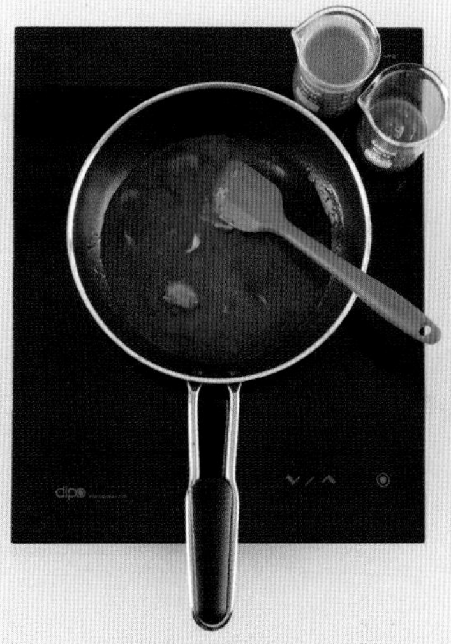

Method

1 샬롯 다진 것과 양송이를 넣고 볶는다.

2 와인과 코냑을 넣고 1/2로 졸여준다.

3 토마토 소스와 데미글라스를 넣고 향신료를 첨가한다.

4 다진 처빌과 타라곤을 넣고 마무리한다.

Bigarade Sauce

비가라드 소스

Ingredients

설탕 10g
레드와인 식초 20ml
코냑 10ml
레몬 1개
포도잼 40g
브라운 소스 1L
오렌지 1ea
오렌지 제스트 to taste

Chef's Tips

- "비가라드"란 큐라소를 만드는 오렌지이다. 큐라소는 오렌지 껍질만을 사용해서 만든 오렌지 리큐르이다.

1 2

3 4

Method

1 팬에 설탕을 넣고 연한 갈색으로 태운다.

2 식초를 넣고 끓인 다음 포도잼을 첨가한다.

3 오렌지즙, 레몬즙, 코냑을 넣고 5분 정도 끓여준다.

4 브라운 소스를 넣고 20분 정도 끓여주고 마지막에 오렌지껍질 zest를 넣고 완성시킨다.

Cooking Process Tip

- 설탕을 태울 때 많이 태우면 소스가 타고 덜 태우면 달아지므로 주의해야 한다.
- 식초와 캐러멜화된 설탕을 졸인 시럽으로 소스의 풍미를 주기 위해 사용하는 것을 Gastrique(갸스트히끄)라고 한다.

15

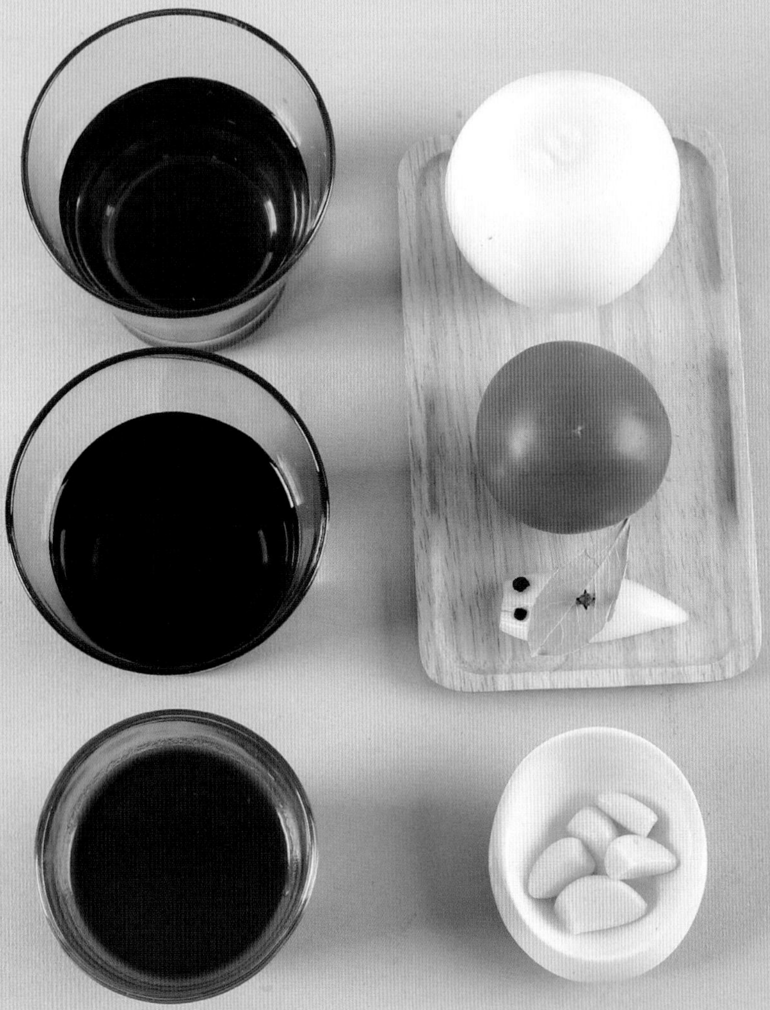

Beaujolaise Wine Sauce

보졸레 와인 소스

Ingredients

양파 200g
와인식초 50ml
보졸레 와인 200ml
마늘 10g
토마토 150g (선택사항)
부케가르니 1개
데미글라스 200ml

Chef's Tips

- 파리 리용 근처에 있는 보졸레에서 나오는 와인으로 만든 소스이다.
- 매년 보졸레 누보를 생산하며 그 이름이 널리 알려진 레드와인의 대표적인 소스이다.

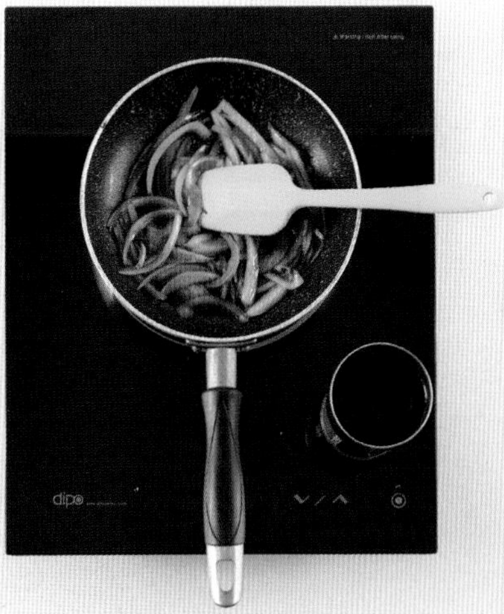

1 2

3 4

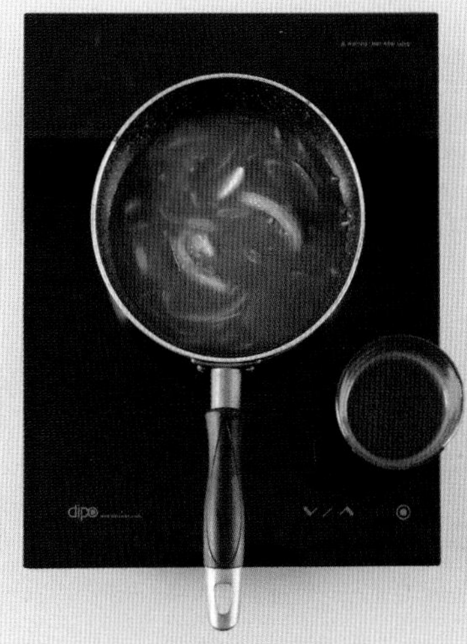

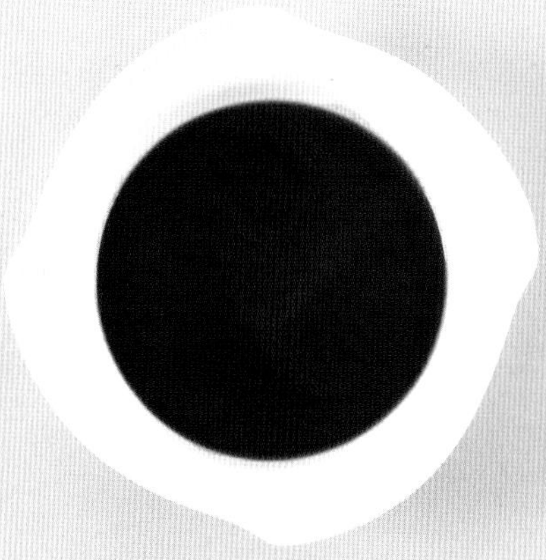

Method

1 양파는 줄리엔으로 썰고 팬에 볶아준다.

2 보졸레 와인과 와인식초를 넣고 1/2로 졸여준다.

3 마늘과 토마토를 첨가하고 데미글라스를 넣고 1시간 정도 끓여준다.

4 소창에 걸러주고 간을 해서 사용한다.

Cooking Process Tip

• 와인식초 대신 레몬주스를 대중적으로 많이 사용한다.

All About SAUCES

03 CHAPTER

White Sauces
화이트 소스

Veloute

Ravigote Sauce 라비고트 소스 _ 16

Aurora Sauce 오로르 소스 _ 17

Veal Veloute

Allemande Sauce 독일식 소스 _ 18

Allemande

Champignon Sauce 양송이 소스 _ 19

Chicken Veloute

Chicken Veloutee 치킨 벨루테 _ 20

Supréme

Supream Sauce 슈프림 소스 _ 21

Albufera Sauce 알뷔페하 소스 _ 22

Bechamel

Bechamel Sauce 베샤멜 소스 _ 23

Mornay Sauce 모르네이 소스 _ 24

Chantilly Sauce 찬틸리 소스 _ 25

Nantua Sauce 낭투아 소스 _ 26

Soubise Sauce Ⅱ 수비즈 Ⅱ 소스 _ 27

Cardinal Sauce 카흐디날 소스 _ 28

Ravigote Sauce(Shallot and Herb Sauce)

라비고트 소스

Ingredients

화이트와인 150ml
와인식초 50ml
벨루테 소스 750ml
샬롯찹 20g
소금 · 후추 to taste
버터 20g
타라곤 2g
이탈리안 파슬리 2g

Chef's Tips

- 삶은 닭, 데친 생선, 야채요리에 사용합니다.
- 라비고트 소스는 비네그레드와 벨루테를 이용한 2가지 종류가 있다.
- 여기 라비고트 소스는 벨루테 파생소스이다.

1 2

3 4

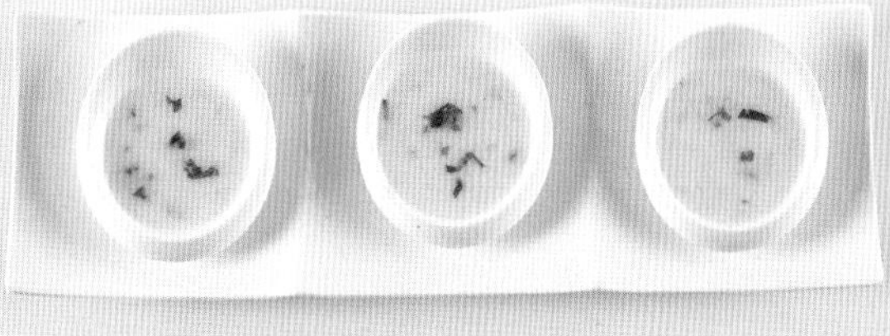

Method

1 식초와 화이트와인에 샬롯찹을 넣고 1/2로 졸인다.
2 벨루테를 넣고 끓인다.
3 소스 농도가 나기 시작하면 허브찹을 넣고 소금, 후추로 간을 맞춘다.
4 소스볼에 담아준다.

Cooking Process Tip

• 농도를 가볍게 하기 위해서 스톡, 크림, 우유를 첨가해도 좋다.

Aurora Sauce(Tomato Flavor Veloute)

오로르 소스/오라라 소스

Ingredients

벨루테 소스 1L
토마토 쿨리 30g
생크림 50ml (선택사항)
소금, 후추 to taste
버터 20g

Chef's Tips

- 벨루테에 토마토 소스나 토마토 퓌레를 첨가한 소스를 오로르 소스라 한다.

1 2

3

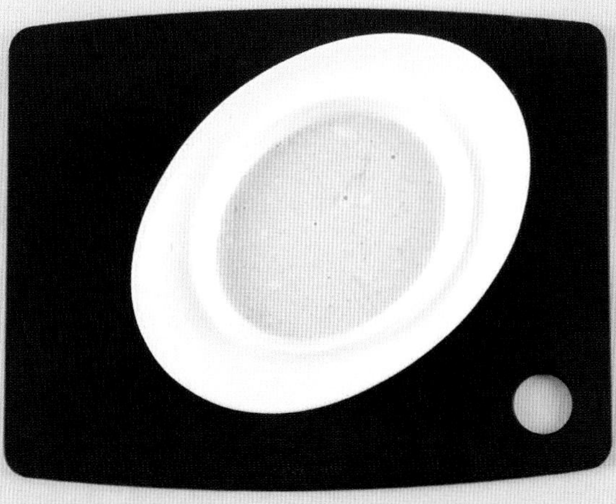

Method

1 벨루테 소스에 토마토 쿨리를 넣고 끓여준다.

2 생크림을 넣고 한 번 끓으면 소금, 후추로 간을 해주고 마무리한다.

Cooking Process Tip

• 토마토 소스가 아니므로 토마토색이나 향이 너무 강하면 안 된다.

Allemande Sauce(Literally German Sauce)

독일식 소스

Ingredients

송아지 벨루테 1L
비프 스톡 100ml
달걀 노른자 3개
생크림 100ml
레몬 1/2개
넛맥 some
소금, 후추 to taste

Chef's Tips

• 송아지 벨루테를 주재료로 한 대표적인 소스이다.
• 주로 육류와 그라탕 요리에 사용한다.

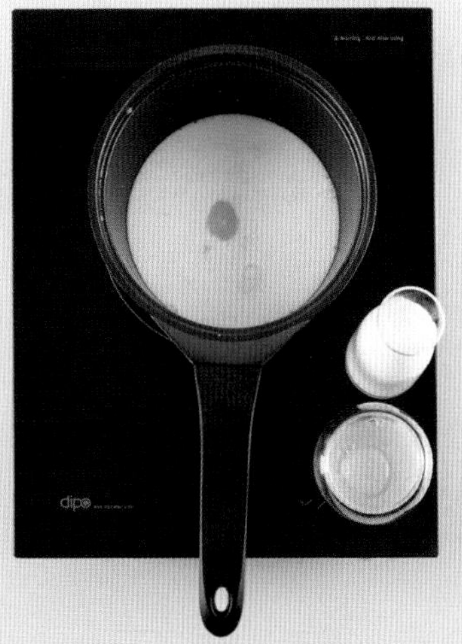

1 2

3 4

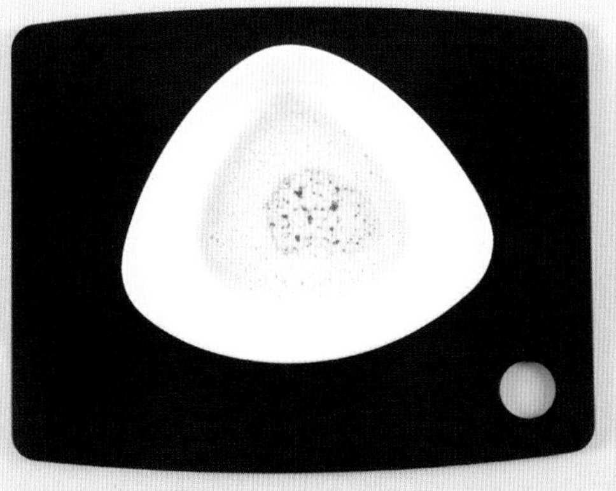

Method

1 송아지 벨루테를 끓이다가 비프 스톡을 넣는다.

2 생크림에 달걀 노른자를 혼합하여 리에종을 만든다.

3. 리에종을 넣어 농도를 맞춘다.

4 농도가 난 다음 레몬즙, 넛맥, 소금, 후추를 넣어준다.

Cooking Process Tip

• 달걀이 익지 않도록 조심한다.
• 리에종은 생크림과 달걀 노른자를 섞어 놓은 것이다.

Champignon Sauce

양송이 소스

Ingredients

알망드 소스 500ml
양송이 슬라이스 100g
생크림 50ml
버터 20g
파슬리찹 5g
소금, 후추 to taste
비프 스톡 50ml

1 2

3

Method

1 버섯을 썰어 버터에 색이 나지 않게 볶는다.
2 볶아진 버섯에 알망드 소스를 넣어준다.
3 생크림을 넣어 농도를 조절한 다음 소금, 후추로 간을 하여 사용한다.

Cooking Process Tip

• 생크림, 스톡, 우유로 농도 조절을 해준다.

Chicken Veloute

치킨 벨루테

Ingredients

치킨 스톡 1L

버터 70g

밀가루 70g

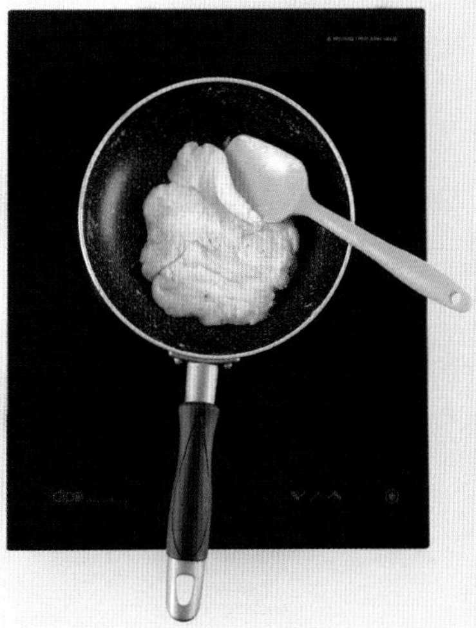

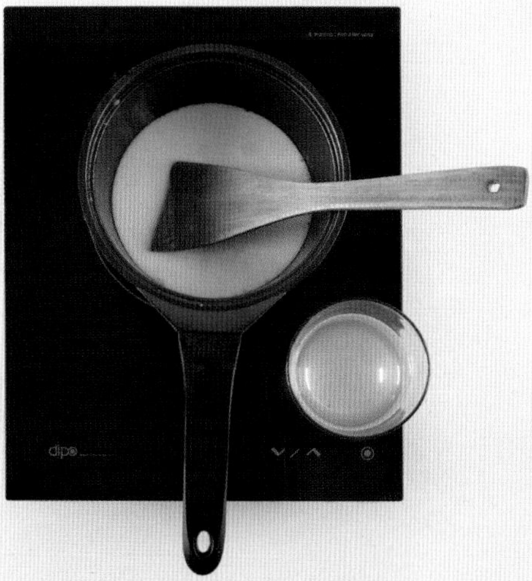

1 2

3

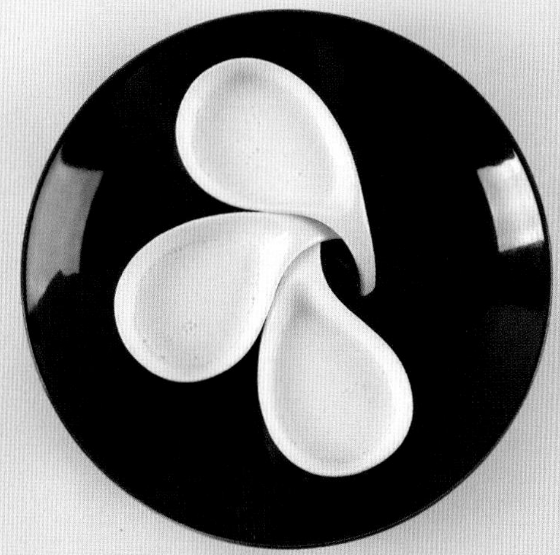

Method

1 버터를 녹여 밀가루를 넣고 노란색이 되도록 볶는다.

2 준비한 루를 식혀서 열을 제거한 다음 치킨 스톡을 넣어 가며 베샤멜 소스 만드는 방법으로 만든다.

3 소스볼에 담아준다.

Cooking Process Tip

• 덩어리지지 않도록 잘 젓는다.

Supream Sauce

슈프림 소스

Ingredients

치킨 벨루테 1L
치킨 스톡 100ml
생크림 100ml
버터 20g
레몬 1/4개
소금, 후추 to taste

Chef's Tips

• 닭크림 소스 중 최상의 소스이며 모체소스로서 많은 소스를 파생시킨다.

1 2

3

Method

1 소스팬에 치킨 벨루테를 넣고 끓이다가 크림을 조금씩 첨가한다.

2 버터와 레몬즙을 넣은 다음 고운체로 거른다.

3 소금, 후추로 맛을 조정하고 사용한다.

Albufera Sauce(Red Pepper Sauce)

알뷔페하 소스/알부페라 소스

Ingredients

슈프림 소스 1L
브라운 소스 100ml
소금, 후추 little
케이엔페퍼 little
적 파프리카 200g
버터 30g

1 2

3 4

Method

1 적 파프리카의 껍질을 태운 후 깨끗하게 정선하여 잘게 다진다.

2 슈프림 소스에 적 파프리카 다진 것, 브라운 소스를 넣고 끓인다.

3 소금, 후추로 간을 하고 버터를 넣고 마무리한다.

Bechamel Sauce

베샤멜 소스

Ingredients

버터 50g	우유 1L	부케가르니 1개	소금 some
밀가루 50g	월계수잎 1장	넛맥 some	정향 some

Chef's Tips

• 우유 소스의 대표적인 소스로 우유 파생소스의 모체가 된다.

1 2

3 4

Method

1 소스팟에 버터를 녹이고 밀가루를 조금씩 넣어가며 화이트 루를 만들어준다.

2 우유를 따뜻하게 데워서 미지근한 루에 조금씩 넣으면서 나무주걱으로 루를 풀어준다. (반복)

3 월계수잎, 넛맥, 부케가르니를 첨가하고 30분 정도 뭉근하게 끓여준다.

4 간을 하고 고운체에 걸러서 사용한다.

Cooking Process Tip

- 나무주걱이 아닌 스텐기물을 사용하다보면 소스의 색이 산화로 인해 까맣게 나올 수 있으므로 가능한 나무주걱을 이용하도록 한다.
- 우유는 여러 번 나눠서 넣어야 루가 잘 풀린다.
- 루를 만들 때 제대로 안 볶으면 밀가루 냄새가 많이 나므로 잘 볶아주어야 한다.
- 우유에 부케가르니를 먼저 넣고 끓여 사용하면 풍미가 좋다.

Mornay Sauce
모르네이 소스

Ingredients

베샤멜 소스 1L	그루이어 치즈 20g	파마산 치즈 20g	버터 20g
달걀 노른자 1개 (선택사항)	화이트와인 20ml	소금, 후추 to taste	

1 2

3 4

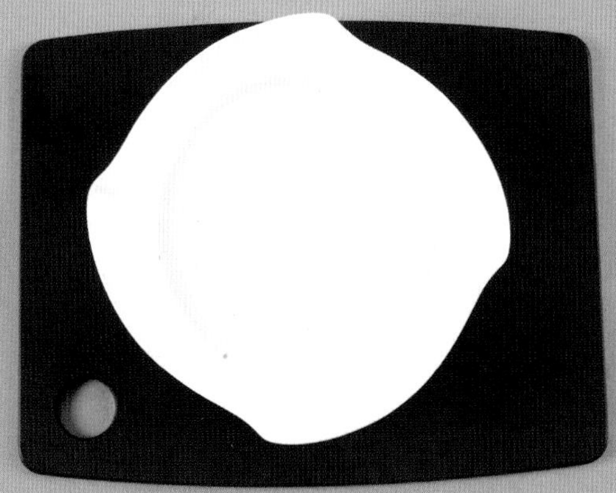

Method

1 소스팟에 베샤멜 소스를 넣고 뭉근하게 끓여준다.
2 바닥이 타지 않게 나무주걱으로 저어주다가 파마산 치즈와 그루이어 치즈를 섞어준다.
3 치즈가 녹으면 불을 끄고 달걀 노른자를 첨가하고 화이트 와인으로 농도를 맞춰가며 잘 저어준다.
4 마지막에 버터를 넣고 고운체로 걸러준다.

Cooking Process Tip

• 야채요리나 달걀요리, 그라탕 요리에 많이 쓰인다.
• 달걀 노른자는 셰프의 선택사항이다.

Chantilly Sauce

찬틸리 소스

Ingredients

벨루테 소스 1L
레몬 1/2개
소금, 후추 to taste
생크림 50ml

Chef's Tips

- 샹틸리란 "거품이 있는 크림"이란 뜻으로 생크림을 쳐서 사용하는 것을 말한다.
- 마요네즈에 생크림을 거품낸 후 첨가하여 만드는 소스도 찬틸리 소스라 한다.

25

1 2

3

Method

1 벨루테 소스에 생크림을 쳐올려 2/3 정도를 첨가한다.

2 불에서 은근하게 5분 정도 끓이다가 내린다.

3 나머지 크림을 넣고 레몬즙과 소금, 후추를 넣고 마무리 한다.

McILHENNY CO.
TABASCO
BRAND
PEPPER SAUCE
SWISSMAR

Nantua Sauce

낭투아 소스/갑각류 소스

Ingredients

베샤멜 200ml	크레이피시 버터 40g	타바스코 some
피시 스톡 200ml	버터 40g	셀러리 50g
레몬 1/2개	양파 100g	버섯 30g
생크림 100ml	당근 50g	소금, 후추 to taste

Chef's Tips

- 생선 소스로 잘 어울리며 셰프의 선택에 따라 아메리칸 소스에 생크림, 레몬즙을 넣어서 사용하기도 한다.
- 크레이피시를 볶다가 미르뽀아를 넣고 다시 볶은 후 물을 넣어 스톡을 만들어 베샤멜 소스를 넣어 낭투아 소스를 만들기도 한다. 이때 토마토 페이스트를 첨가하지 않고 화이트 낭투아 소스를 만들기도 한다.

26

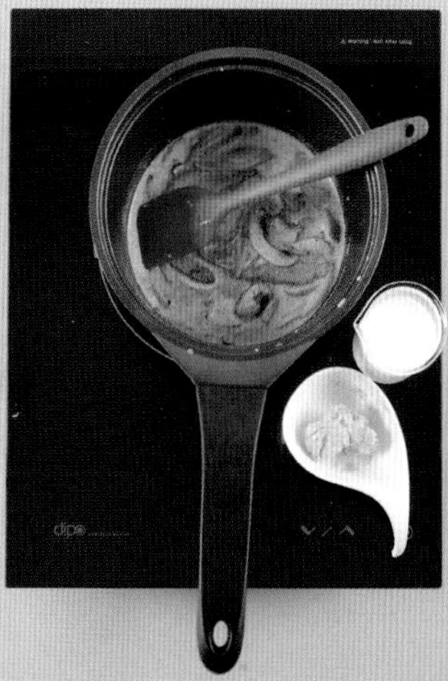

1 2

3

4

5

Method

1 양파, 셀러리, 당근, 버섯을 버터에 살짝 소테해준다.
2 팬에 피시 스톡을 넣고 1/3로 졸여준 후 베샤멜을 넣고 끓여준다.
3 크레이피시버터와 레몬즙, 타바스코를 넣고 끓이다가 생크림을 넣고 농도를 맞춰준다.
4 스톡이 완성되면 야채는 고운체로 걸러준다.

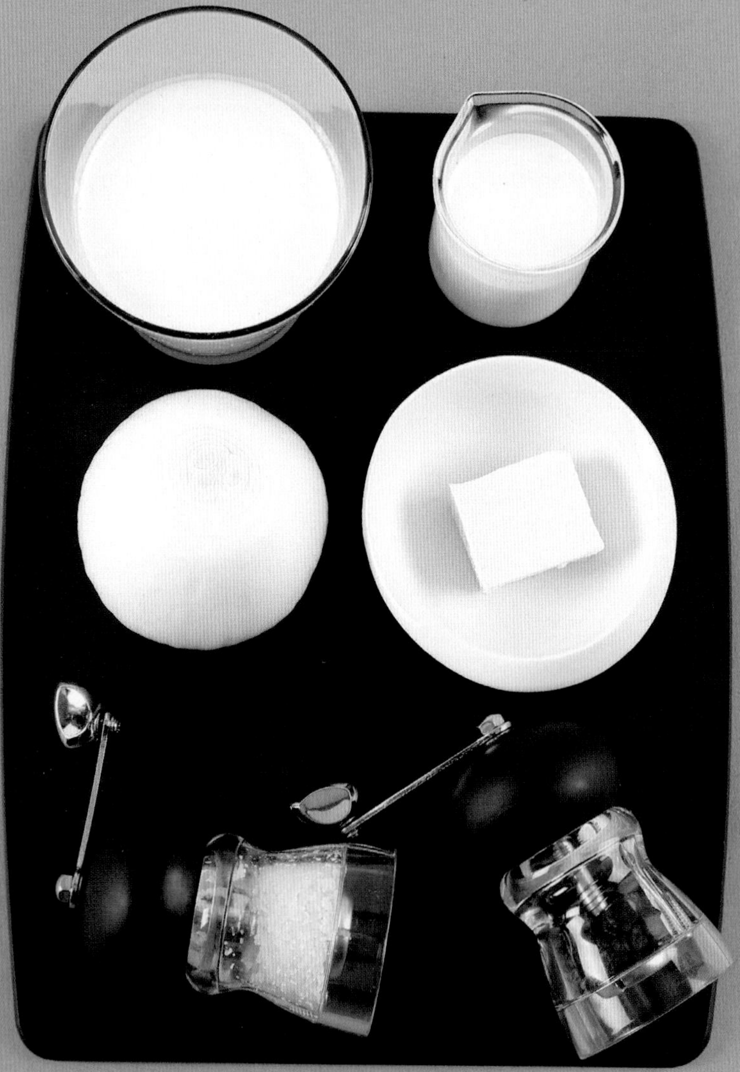

Soubise Sauce Ⅱ
수비즈Ⅱ 소스

Ingredients
베샤멜 소스 200ml
양파 100g
버터 30g
생크림 50ml
소금, 후추 to taste

Chef's Tips
- 프랑스 장군의 이름을 딴 수비즈 소스는 양파 소스의 대명사로 무려 250년 전에 유행하던 소스이다.
- 현재에 와서는 베샤멜보다 생크림을 졸여서 사용하는 경우가 많다.
- 생크림이 들어간 것은 수비즈 Ⅰ 베샤멜에 양파 퓌레를 넣으면 수비즈 Ⅱ 소스이다.

1

2

3

4

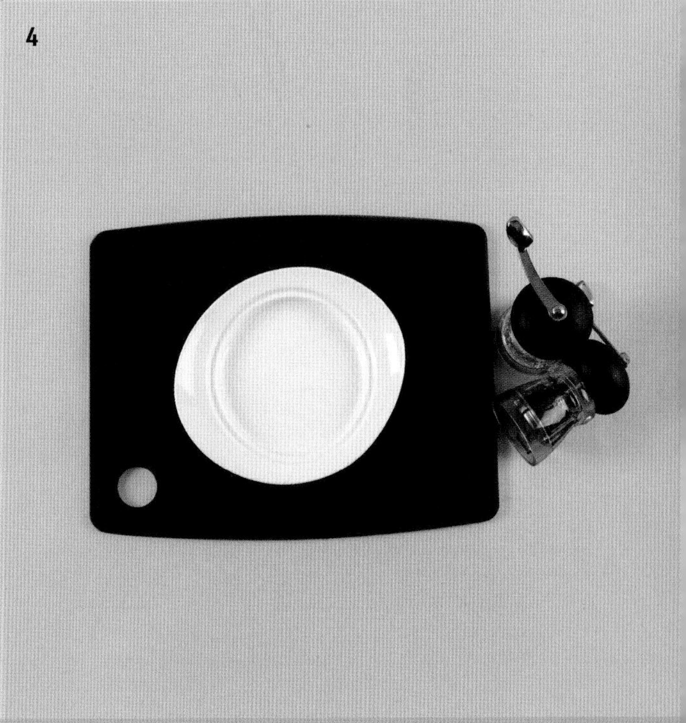

Method

1 양파는 슬라이스해서 색이 나지 않게 볶아 놓는다. (*suer)

2 베샤멜에 섞어 놓는다.

3 10분 정도 끓여준다.

4 생크림을 넣고 끓인 후 블렌더로 갈아서 사용한다.

Cooking Process Tip

- *Suer — 프랑스어로 "우려내다"라는 뜻으로 요리에서는 약한 불에서 은근하게 익히는 것을 의미한다.

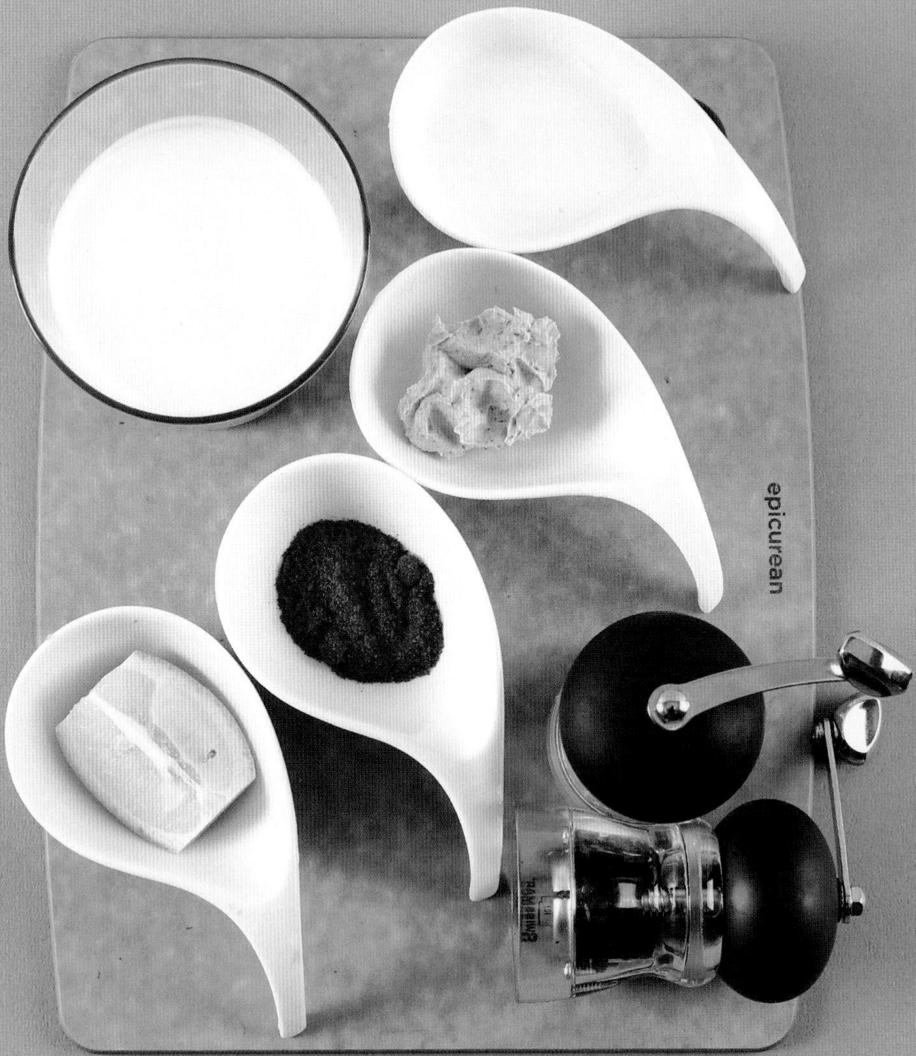
epicurean

Cardinal Sauce

카흐디날 소스

Ingredients

베샤멜 소스 200ml
랍스터 버터 30g
레몬 1/4개
생크림 30ml
케이엔페퍼 some
소금, 후추 some

Chef's Tips

- 새우색처럼 옅은 핑크빛이 나게 만들어준다.
- 랍스터 살을 다이스하여 첨가하기도 한다.

1 2

3

Method

1 베샤멜 소스에 랍스터 버터와 레몬즙, 생크림을 넣어 준다.

2 핑크색이 나면 케이엔페퍼를 조금 넣어준다.

3 소금, 후추로 간을 해주고 소창에 걸러준다.

All About SAUCES

04 CHAPTER

Fish Sauces
생선 소스

Fish Veloute 생선 벨루테 _ 29
White Wine Sauce 백포도주 소스 _ 30
American Sauce 아메리칸 소스 _ 31
Normandy Sauce 노르망드 소스 _ 32
Saffron Sauce 샤프론 소스 _ 33
Newbeurg Sauce 뉴버그 소스 _ 34

29

Fish Veloute

생선 벨루테

Ingredients

버터 15g

밀가루 15g

피시 스톡 200ml

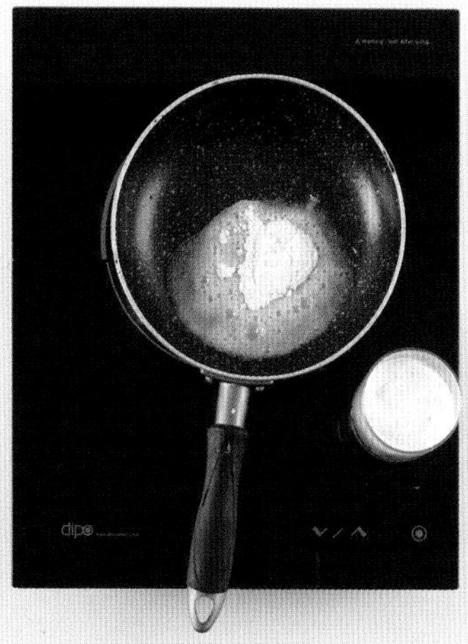

1 2

3 4 5

Method

1 냄비에 버터를 색이 안나게 녹인다.

2 밀가루를 고운체로 내려서 버터에 첨가한다.

3 색이 안나게 잘 저어 색이 흰색일 때 불에서 내려 놓는다. (화이트 루를 만든다.)

4 피시 스톡을 끓이다가 루를 넣고 잘 녹여주고 10분 정도 끓이다가 고운체로 걸러서 사용한다.

Cooking Process Tip

- 베르마니(버터마니아)—베르(beurre)는 프랑스어로 butter를 말하며 무염 버터를 말랑말랑할 때까지 녹인 후 동량의 밀가루를 섞어 반죽형태로 만드는 것을 말한다. 보관이 쉬울뿐 아니라 다른 농후제보다 맛이 좋다.
- 루 대신 베르마니를 사용할 수 있다.

30

epicurean

White Wine Sauce

백포도주 소스

Ingredients

피시 스톡 1L
파슬리줄기 8g
화이트와인 150ml
베르마니 30g
양송이줄기 80g
생크림 500ml
월계수잎 1장
소금, 후추 to taste

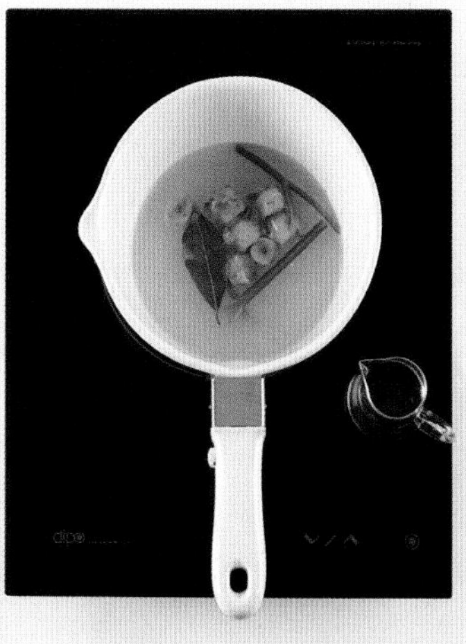

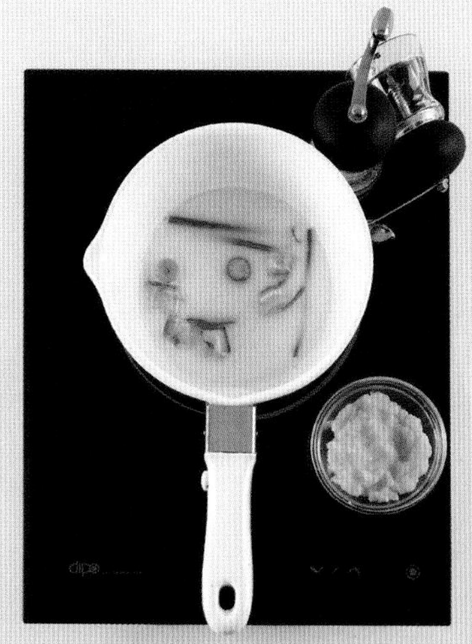

1 2

3 4

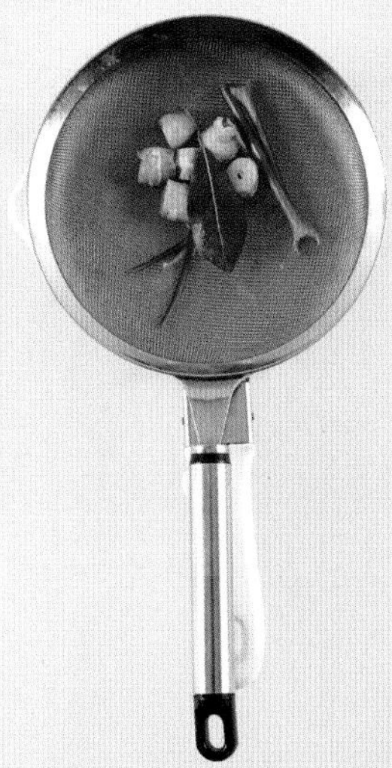

Method

1 피시 스톡에 화이트와인과 양송이줄기, 파슬리줄기, 월계수잎을 넣고 1/3로 졸인다.

2 생크림을 넣고 10분 정도 졸인 후 소금, 후추로 간을 하고 베르마니를 넣고 농도를 맞춰준다.

3 고운체로 걸러서 사용한다.

Cooking Process Tip

- 베르마니를 넣은 후에는 너무 오래 끓이지 않도록 한다.
- 생선 벨루테를 이용하여 화이트와인 소스를 만들면 시간을 절약할 수 있다.

epic

American Sauce

아메리칸 소스

Ingredients

구운 랍스터 또는 꽃게 1kg
양파 150g
피시 스톡 1.5L
베르마니 50g
토마토 100g
화이트와인 50ml
타임 3줄기
월계수잎 1장
셀러리 100g
브랜디 30ml
당근 200g
토마토 페이스트 30g
통마늘 20g

Chef's Tips

- 아메리칸 소스의 색은 진한 갈색이지만 소스의 베이스가 되는 육수가 피시 스톡이므로 흰색 육수 소스로 분류된다.

1

2

3

4

5

6

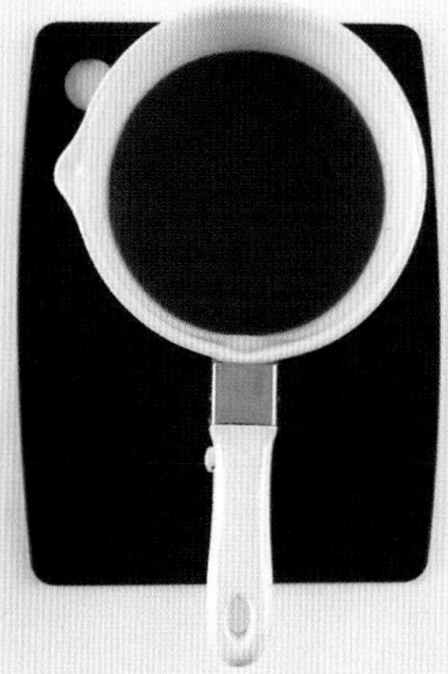

Method

1 양파, 당근, 마늘, 셀러리는 브라운색으로 볶아 놓는다.

2 랍스터(꽃게)는 180도 오븐에 갈색이 날때까지 구워준다.

3 소스팟에 볶은 야채와 구운 랍스터를 넣고 볶아주다가 브랜디로 플람베를 해준다.

4 화이트와인을 넣고 1/3까지 졸여주고 토마토와 토마토 페이스트를 넣고 볶아준다.

5 충분히 볶아지면 피시 스톡과 향신료를 넣고 뭉근하게 끓여준다.

6 5시간 정도 끓여주고 색이 진하게 나면 걸러준다.

Cooking Process Tip

• 소스를 만들 때 나오는 거품은 제거하면 안 된다. 랍스터에서 나오는 랍스터기름이 소스의 풍미를 더욱 진하게 해준다.

Normandy Sauce

노르망드 소스

Ingredients

생선 벨루테 소스 500ml	달걀 노른자 4개	버터 30g	버섯육수 30ml
레몬 1/2개	피시 스톡 200ml	소금, 후추 to taste	홍합육수 30ml
생크림 100ml			

1

2

3

Method

1 생선 벨루테 소스에 피시 스톡과 버섯육수, 홍합육수를 넣고 서서히 졸여주다가 생크림과 달걀 노른자를 섞어서 농도를 맞춘다.

2 레몬즙을 넣고 소금, 후추 등으로 맛을 조절한다.

3 불을 끄고 버터를 넣어서 소스에 윤기가 나게 만들어 준다.

33

Saffron Sauce

샤프론 소스

Ingredients

생선 벨루테 300ml
샤프론 10 thread
피시 스톡 100ml
생크림 100ml (선택사항)
소금, 후추 to taste

1 2

3

Method

1 피시 스톡을 넣고 1/3로 졸이다가 생선 벨루테와 생크림을 넣고 끓여준다.
2 뭉근하게 끓어오르면 샤프론을 넣고 소금, 후추로 간을 해준다.
3 농도가 나면 고운체에 걸러준다.
4 소스볼에 담아준다.

Cooking Process Tip

• 샤프론은 시간이 지날수록 색이 진해지므로 처음부터 너무 많은 양을 사용하면 안 된다.
• 농도는 피시 스톡을 넣어가며 조절한다.

Newbeurg Sauce

뉴버그 소스

Ingredients

벨루테 소스 500ml
피시 스톡 50ml
양파찹 50g
셰리와인 50ml
레몬 1/2개
달걀 노른자 2개
생크림 30ml
케이엔페퍼 to taste
소금, 후추 to taste

Chef's Tips

• 뉴버그는 북미지방 대서양 연안도시 이름이다.
• 뉴버그 소스는 생선요리나 갑각류 요리에 자주 쓰인다.

1 2

3

4

5

Method

1 소스팬에 양파 다진 것에 셰리와인과 피시 스톡을 넣고 1/2로 졸인다.

2 벨루테을 넣고 눌지 않게 나무주걱으로 잘 저어준다.

3 불에서 내려서 달걀 노른자를 첨가한 후 농도를 맞춰 준다.

4 레몬, 케이엔페퍼, 소금, 후추로 양념하고 생크림으로 농도를 맞춰준다.

5 소스볼에 담아준다.

All About SAUCES

05 CHAPTER

Hot Emulsified Egg Yolk Sauces

따뜻한 달걀 노른자 소스

Hollandise Sauce 홀랜다이즈 소스 _ 35

Bearnaise Sauce 베어네이즈 소스 _ 36

Choron Sauce 쇼롱 소스 _ 37

Maltaise Sauce 말테즈 소스 _ 38

Hollandaise Sauce

홀랜다이즈 소스

Ingredients

정제버터 300g
달걀 노른자 4개
레몬 1/2개
물 20ml
샬롯찹 10g
화이트와인 30ml
케이엔페퍼 some
식초 5ml
월계수잎 1장

Chef's Tips

- 홀랜다이즈는 뜨겁게 서브되며 정제버터로 만들고 버터를 첨가하기 전에 열 위에서 거품이 생길 정도의 농도로 노른자를 저어 만들면 마요네즈보다 더 부드럽고 가벼운 농도를 지닐 수 있다.
- 현대에는 향촛물을 사용하지 않고, 크림상태에서 레몬즙만 넣어 만든다.

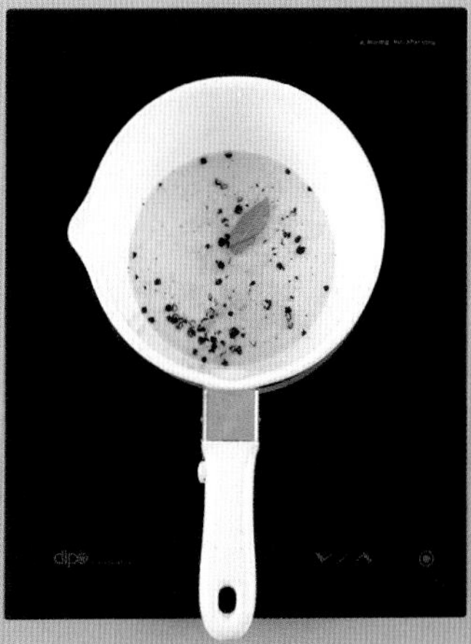

1 2

3

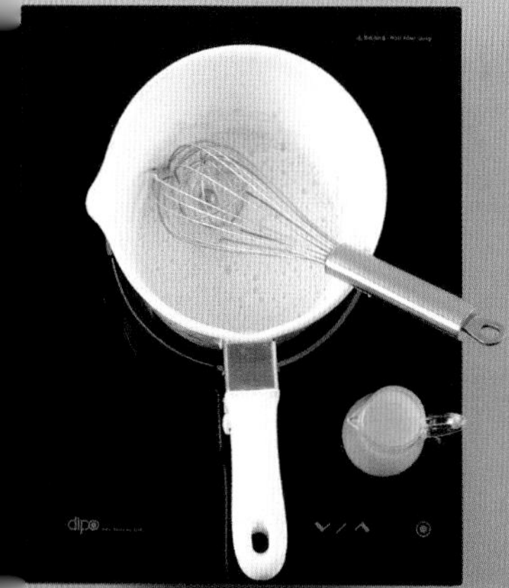

4

5

Method

1 냄비에 샬롯찹, 페퍼홀, 물, 식초, 월계수잎을 넣고 졸여 준다.

2 스테인리스 용기에 달걀 노른자를 넣은 후 여기에 물 5ml와 식초 졸인 것을 넣고 거품기로 잘 풀어준다.

3 60~65도 온도의 중탕냄비를 준비하고 정제버터를 조금씩 넣어가면서 달걀이 크림화될 때까지 계속 거품기로 올린다.

4 버터가 크림상태가 되면 레몬즙과 케이엔페퍼, 후추를 넣고 마무리하여 고운체에 걸러 사용한다.

5 소스볼에 담아준다.

Cooking Process Tip

- 버터는 중탕해서 정제된 것만 사용하도록 한다.
- 달걀 노른자로 소스를 만들 때 불의 온도가 세면 달걀이 익게 되고 약하면 소스가 엉기는 시간이 길어지게 되므로 온도에 주의하도록 한다.
- 버터 소스의 경우 급하게 만들다보면 망치는 경우가 많으므로 차분하게 만드는 것이 매우 중요하다.

36

Bearnaise Sauce

베어네이즈 소스

Ingredients

샬롯 50g
식초 30ml
달걀 노른자 3개
화이트와인 30ml
정제버터 300g
케이엔페퍼 some
물 40ml
타라곤잎 3g
통후추 2g
소금 3g
파슬리 2g

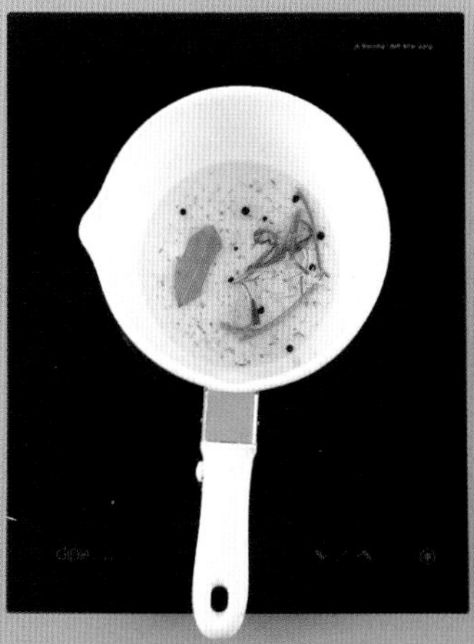

1 2

3 4

Method

1 소스팟에 양파, 타라곤줄기, 파슬리줄기, 통후추, 화이트 와인, 식초를 넣고 졸인 후 식혀준다.

2 달걀 노른자를 스테인리스볼에 담고 졸여놓은 와인을 넣고 중탕시켜 진한 크림을 만든다.

3 녹인 버터를 천천히 넣어준다.

4 소금, 후추로 맛을 낸 다음 고운체로 거른 후 타라곤잎과 파슬리잎을 넣어서 사용한다.

Cooking Process Tip

• 달걀 노른자가 익지 않도록 온도에 유의한다.

Choron Sauce

쇼롱 소스

Ingredients

베어네이즈 소스 200ml
토마토 퓌레 30g
화이트와인 30ml

Chef's Tips

- 쇼롱(choron)이란 프랑스 음악가의 이름에서 유래하였으며 장미빛 색의 소스이다.

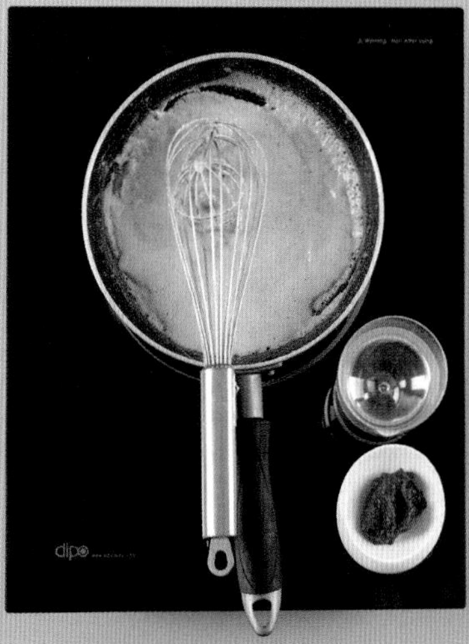

1

2

Method

1 팬에 오일을 두르고 토마토 퓌레를 충분히 볶아준다.

2 화이트와인을 넣어가며 신맛이 없어질 때까지 볶아준다.

3 베어네이즈 소스를 소스팟에 넣고 뭉근하게 끓이다가 토마토 퓌레를 넣고 섞어준다.

Cooking Process Tip

• 생토마토를 잘라서 같이 넣어주면 더 좋다.

Maltaise Sauce

말테즈 소스

Ingredients

홀랜다이즈 소스 200ml   오렌지 1ea   오렌지 제스트 5g   소금, 후추 to taste

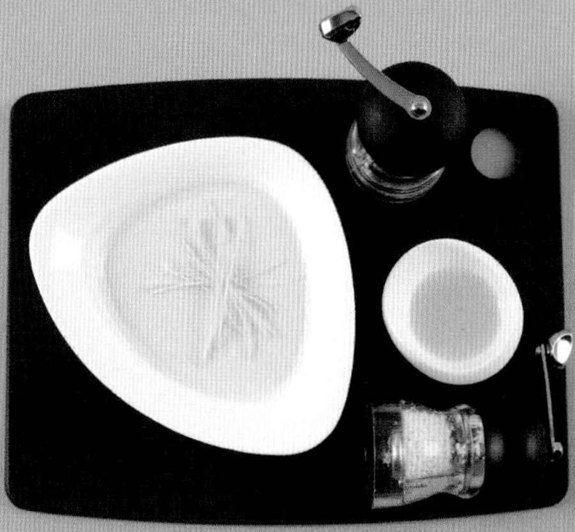

1 2

3

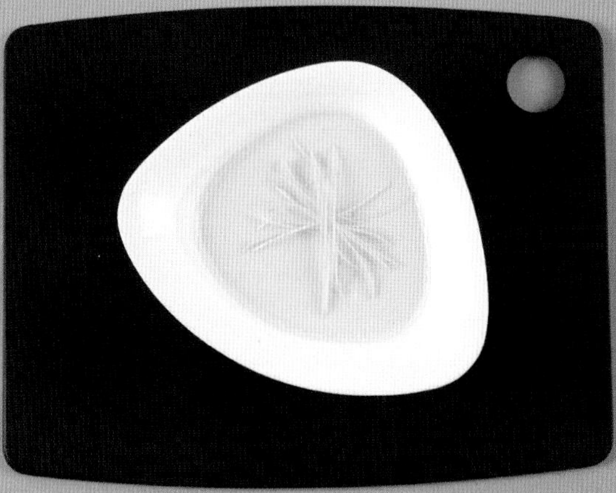

Method

1 오렌지는 반으로 갈라 즙을 짜놓고 껍질은 제스트를 만들어 놓는다(제스트는 데쳐서 사용한다).

2 홀랜다이즈 소스를 끓이다가 제스트와 오렌지즙을 넣고 소금, 후추로 간을 해준다.

3 소스볼에 담아주고 소량의 오렌지 제스트를 올려준다.

All About SAUCES

06

CHAPTER

Butter Sauces

버터 소스

Butter Sauce 버터 소스 _ 39
Beurre Rouge Sauce 뵈르 루즈 소스 _ 40
Beurre Noisette 뵈르 누아제트 _ 41

epicurean

Butter Sauce

버터 소스

Ingredients

화이트와인 150ml
적양파 80g
버터 200g
레몬 1개
식초 30ml
파슬리 5g
월계수잎 1장
통후추 to taste
소금 to taste
생크림 15ml (선택사항)

Chef's Tips

- 버터 소스 중 뵈르 블랑(Beurre Blanc) 소스는 부드럽고 따뜻한 소스이다.
- 생선요리에 주로 쓰인다.

1 2

3 4

Method

1 소스팟에 버터를 넣고 화이트와인, 후추, 적양파 chop, 파슬리 chop, 월계수잎을 넣고 볶다가 화이트와인을 넣고 2/3 정도로 졸인다.

2 불을 최대한 줄이고 버터를 조금씩 넣으면서 녹인다.

3 소금, 후추와 레몬즙을 넣고 생크림을 넣어준다.

4 고운체로 걸러주고 소스볼에 담아준다.

Cooking Process Tip

• 버터는 온도가 높거나 낮아도 분리가 되므로 최적의 온도인 50도를 맞추는 게 가장 중요하다.

epicurean

Beurre Rouge Sauce(Red Wine-Butter)

뵈르 루즈 소스

Ingredients

샬롯 40g
생크림 15ml (선택사항)
버터 250g
레드와인 60ml
레드와인비네 60ml
소금 & 후추 to taste

Chef's Tips

- 화이트 버터 소스 만드는 방법과 동일하고 화이트 와인과 화이트식초 대신 레드와인과 레드와인비네거를 사용하여 만든다.

40

1

2

3

4

5

6

Method

1 소스냄비에 샬롯찹과 레드와인, 레드와인비네거를 넣어 준다.

2 냄비의 액체가 90%까지 졸여지도록 천천히 가열한다.

3 생크림을 넣어 졸여준다.

4 불에서 내린 후 소금, 후추를 첨가해준다.

5 고운체로 걸러준다.

6 소스볼에 담아준다.

epicurean

Beurre Noisette(Brown Butter)

뵈르 누아제트

Ingredients

버터 60g
파슬리찹 1g (선택사항)
케이퍼 3알 (선택사항)
레몬 1/2개
소금, 후추 to taste

Chef's Tips

- 뵈르 누아제트(beurre noisette)는 누아제트가 개암열매(헤이즐넛)라는 뜻으로 버터를 가열하면 갈색의 고소한 개암열매 풍미가 나는 버터소스가 된다. 개암열매는 넣지 않는다. 생선미뉴에트요리 소스에 사용한다. 가니쉬로 케이퍼, 크루톤, 알몬드, 레몬 조각을 사용할 수 있다.

1 2

3 4

Method

1 버터 60g을 소스냄비에 넣어 서서히 가열한다.

2 버터가 갈색으로 변하면 천천히 식혀 놓는다.

3 레몬즙과 파슬리찹을 넣고 소금과 후추로 간한다.

4 소스볼에 담아준다.

All About SAUCES

07 CHAPTER

Mayonnaise-Based Sauces
마요네즈 소스

Mayonnaise 마요네즈 _ 42
Thousand Island Dressing 사우전드 아일랜드 드레싱 _ 43
Tartar Sauce 타르타르 소스 _ 44
Tyrolienne Sauce 티로리엔느 소스 _ 45
Ceasar Dressing 시저 드레싱 _ 46
Remoulade 르물라드 _ 47

epicurean

Mayonnaise
마요네즈

Ingredients

달걀 노른자 3개	백후추 some	식초 30ml
머스타드 5g	샐러드 오일 1L	레몬 1/2개

Chef's Tips

- 마요네즈는 유화를 잘 시켜야 하는데 가능한 빠른 시간내에 해야 한다.
- 너무 오랜 시간 동안 만들다 보면 유화가 풀리는 "유분리"가 일어나므로 항상 주의하도록 한다.

1 2

3

Method

1 스테인리스볼에 달걀 노른자, 겨자를 넣어준다.

2 거품기로 빠르게 저어가며 오일을 조금씩 넣어준다.

3 마요네즈가 크림상태가 되면 식초와 레몬즙을 넣고 잘 섞어준다.

4 **3**에 소금, 후추 간을 하고 마무리한다.

Cooking Process Tip

- 기름 넣는 속도와 젓는 속도는 같아야 한다. 한쪽이 너무 빠르거나 느리게 되면 유분리가 생긴다.
- 달걀은 실온에 미리 빼서 너무 차갑지 않게 한다.
- 오일은 무색, 무취, 낮은 융점을 가진 옥수수유를 주로 사용하도록 한다. 올리브 오일은 독특한 향 때문에 마요네즈를 만들기에는 부적절하다.
- 소금과 후추는 한번에 다 넣지 말고 조금씩 나눠가면서 넣어준다.

TABASCO
BRAND
PEPPER SAUCE
McILHENNY

Thousand Island Dressing

사우전드 아일랜드 드레싱

Ingredients

마요네즈 200g
토마토케첩 30g
타바스코 소스 5ml
화이트와인 5ml
삶은 달걀 2개
피클 20g
양파 30g
홍피망 20g
식초 5ml
레몬주스 10ml
피클주스 10ml
브랜디 2ml
파슬리 5g

Chef's Tips

- "Thousand Island"는 이름처럼 드레싱 안에 여러 재료들이 둥둥 떠 있는 모습을 형상화한 드레싱이다.
- 그러므로 모든 재료들을 너무 작게 잘라서 넣는 것보다 모든 재료들이 보일 수 있게 넣어주는 게 중요하다. 또한 만들어진 드레싱의 색은 환한 핑크색이 될 수 있게 해준다.

43

1 2

3

Method

1 달걀을 삶아서 체에 내려주고 피클, 양파, 홍피망, 파슬리는 다져준다.

2 마요네즈와 케첩을 섞어주고 **1**을 같이 넣은 후 브랜디와 피클국물을 넣어가며 드레싱을 만들어준다.

3 소스볼에 담아준다.

Tartar Sauce

타르타르 소스

Ingredients

마요네즈 200g
파슬리 5g
오이피클 20g
올리브 10g
케이퍼 10g
양파찹 30g
삶은 달걀 1/2개
머스타드 5g
레몬 1/4개
화이트와인 5ml
피클주스 10g

Chef's Tips

• 생선튀김 요리에 주로 사용하는 가장 대중적인 소스이다.

1 2

3

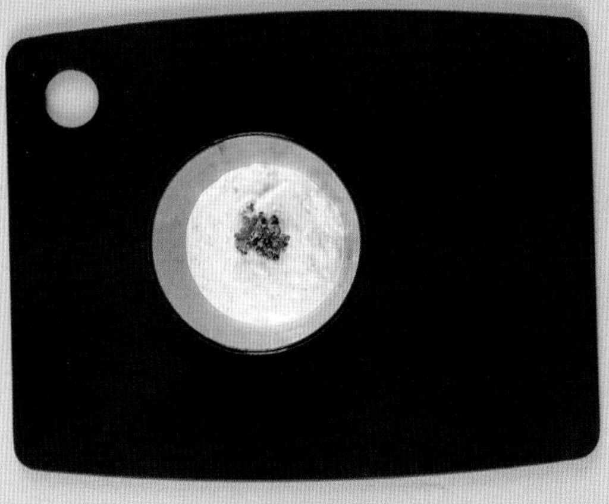

Method

1 달걀을 삶아서 체에 내려주고 피클, 양파, 케이퍼, 올리브는 다져준다.

2 마요네즈를 넣고 같이 섞어준다.

3 소스볼에 담아준다.

Cooking Process Tip

- 농도는 피클주스나 화이트와인을 이용한다.
- 양파는 소창에 담아서 흐르는 물에 헹궈내야 매운맛을 없앨 수 있다.
- 마요네즈를 너무 많이 넣게 되면 내용물이 안보이게 되고 타르타르 소스의 느낌이 전혀 안나게 되므로 모든 재료를 버무리면서 마요네즈는 조금씩 넣어가며 농도를 맞춰준다.

45

Tyrolienne Sauce

티로리엔느 소스

Ingredients

마요네즈 200ml
화이트와인 식초 20ml
타라곤 10g
토마토 퓨레 30g
소금 2g
양파 50g
후추 1g

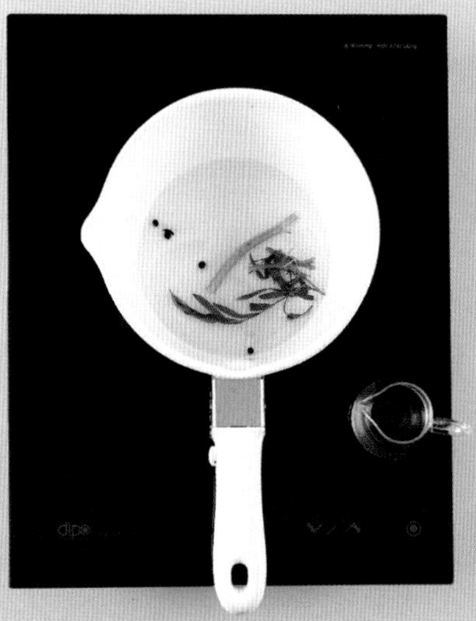

1

2　3

Method

1 소스팟에 물 화이트와인 식초을 넣고 양파, 타라곤을 넣은 후 졸여준다.

2 스테인리스볼에 마요네즈와 화이트와인 졸인 물을 넣어 소스를 만들어준다.

3 마지막에 토마토 퓌레를 넣어서 장미빛 색으로 만들어준다.

SWISSMAR
SWISSMAR

Caesar Dressing

시저 드레싱

Ingredients

적양파 50g
앤초비 15g
달걀 노른자 1개
파슬리찹 5g
케이퍼 5g
샐러드 오일 500ml
머스타드 5g
소금, 후추 to taste
파마산 치즈 20g
레드와인 비네거 50ml
레몬 1/2개

Chef's Tips

- 시저 드레싱은 가능한 파마산 치즈로 간을 해주는데 마지막에는 소금을 살짝 넣어주어야 비로소 맛있는 짠맛이 완성된다.

1 2

3 4

Method

1 양파, 파슬리, 케이퍼, 앤초비는 전부 다져주고 물이 안 나오게 소창으로 수분을 제거해준다.

2 달걀 노른자 1개를 넣고 머스타드와 오일과 식초를 번갈아가며 유화를 시켜준다(마요네즈와 동일).

3 농도가 되직해지면 소금, 후추로 간을 해주고 다져 놓은 양파, 파슬리, 케이퍼, 앤초비, 파마산치즈를 넣고 섞어준다.

4 소스볼에 담아준다.

Cooking Process Tip

- 마요네즈 만드는 방법과 똑같으며 마지막에 레몬즙을 넣어주어야 상큼한 맛이 지속된다.
- 많은 재료들이 들어가므로 유분리가 쉽게 일어난다. 유분리 방지를 위해선 각 재료들의 수분 제거가 매우 중요하다.

Remoulade(Caper & Herb Mayonnaise)

르물라드

Ingredients

마요네즈 1C (200ml)
겨자 2T
케이퍼 1/4C (50ml)
앤초비 페이스트 1T
잘게 다진 허브들(파슬리, 처빌, 타라곤) 2T

Chef's Tips

- 르물라드는 프랑스에서 마요네즈를 기본으로 만들어진 소스이다. 이 소스는 타르타르 소스와 유사하며 첨가 재료에 따라 다양한 파생소스를 만들 수 있다.
- 첨가재료는 커리, 다진 오이 피클, 홀스래디쉬, 파프리카, 앤초비 anchovy 등이다. 이 소스는 주로 고기와 곁들여 먹는데 오늘날에는 해산물 요리, 생선튀김, 핫도그 양념으로도 사용한다.
- 파생소스 Celeriac Rémoulade, Spicy Rémoulade, Louisiana Rémoulade, Cajun Rémoulade, Danish Rémoulade가 있다.

1 2

3 4

Method

1 앤초비, 케이퍼, 허브들(파슬리, 처빌, 타라곤)을 다져 넣는다.

2 스테인리스볼에 모든 재료를 넣고 섞어준다.

3 소금, 후추를 넣고 간을 해주고 농도를 확인한다.

4 소스볼에 담아준다.

All About SAUCES

08
CHAPTER

Vinegar & Oil Sauces
식초 & 오일 소스

French Dressing 프렌치 드레싱 _ 48
Italian Dressing 이탤리언 드레싱 _ 49
Pomegranate Vinaigrette 석류 비네그레트 _ 50
Balsamic Vinaigrette 발사믹 비네그레트 _ 51
Rocket Pesto 로켓 페스토 _ 52
Basil Oil 바질 오일 _ 53
Garlic Oil 마늘 오일 _ 54

48

SWISSMAR

French Dressing(Commercial American dressing)

프렌치 드레싱

Ingredients

샐러드 오일 1L
화이트와인 식초 300ml
디존(DiJon) 머스타드 15g
소금, 후추 to taste
설탕 30g (선택사항)
달걀 1개 (선택사항)
마늘 1 clove (선택사항)

Chef's Tips

- 비네그레트 소스라고 한다.
- 프랑스 사람들이 즐겨 샐러드에 이용한데서 유래하여 이름을 붙이게 되었다.
  식초 1, 샐러드 3, 소금 · 후춧가루
- 달걀을 넣어 걸쭉하게 만들면 Commercial American Dressing이라고 부른다.

1

2 3

Method

1 믹싱볼에 달걀 1개와 머스타드를 넣어주고 계량한 소금과 설탕, 백후추로 밑간을 해주고 식초를 조금씩 넣어가며 에멀전을 만들어준다.

2 식초를 넣고 돌리다 보면 달걀 흰자의 하얀 거품이 일어나기 시작하는데 이때 식용유를 넣어주면 쉽게 에멀전을 만들 수가 있다. 이때 소금과 설탕은 에멀전을 올리면서 처음, 중간, 끝에 조금씩 나누어 넣어주도록 한다. 이 과정을 반복하면서 드레싱을 만들어준다.

3 소스볼 담아준다.

Cooking Process Tip

- 소금과 설탕, 후춧가루는 교반작용 시 마찰력을 증가시켜 유화 형성을 한층 쉽게 해준다.
- 머스타드는 프렌치 드레싱을 만듦에 있어 맛과 향, 색상에 영향을 준다. 산출량이 많을 때는 식용유보다 식초를 먼저 넣어주는게 좋은데 그 이유는 식초의 산 성분이 달걀의 단백질 성분인 레시틴을 변성(강화작용)시키면서 유화작용을 돕기 때문이다.
- 마늘 퓌레를 넣어 주면 풍미가 좋다.
- 달걀 노른자를 첨가하면 드레싱이 분리되지 않는다.

49

Italian Dressing

이탤리언 드레싱/이탈리아 드레싱

Ingredients

청피망 30g	양파 30g	레드와인 비네거 600ml (or 화이트와인 비네거)	소금 20g
홍피망 30g	블랙올리브 10g	샐러드 오일 200ml	후추 5g
적양파 30g	오이피클 20g	설탕 50g	이탈리아 시즈닝 3g

Chef's Tips

- Italian Seasoning : Dried basil(3T), oregano(3T), parsley(3T), thyme(1t), rosemary(1t), black pepper(1/4t), red pepper flakes(1/4t) and onion powder(1t), garlic powder(1t)

1 2

3

Method

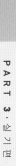

1 모든 야채는 스몰다이스로 썰어 놓는다.

2 레드와인 비네거에 설탕, 소금, 후추, 샐러드 오일을 넣고 잘 섞어준다.

3 레드와인 비네거에 모든 재료를 섞어주고 냉장고에서 하루 동안 숙성시켜서 사용한다.

Cooking Process Tip

- 이탤리언 드레싱이라고 해서 무조건 올리브 오일을 사용하는 것은 아니다.
- 만약 당일 만들어서 당일만 사용한다면 올리브 오일로 만들어도 무관하나 냉장고에 보관할거라면 샐러드 오일을 사용해야 한다. 그 이유는 옥수수 오일은 융점이 낮기 때문에 냉장고에 보관해도 쉽게 굳지가 않지만 올리브 오일은 하루만 냉장고에 보관해도 오일이 금방 굳어버리기 때문이다.

TEXTURAS
THICKENERS
Xantana
XANTHAN GUM POWDER
SWISSMAR

Poemgranate Vinaigrette

석류 비네그레트

Ingredients

석류식초 300ml
양파 120g
샐러드 오일 100ml
소금, 후추 to taste
신탄검 3g (선택사항)

1 2

3 4 5

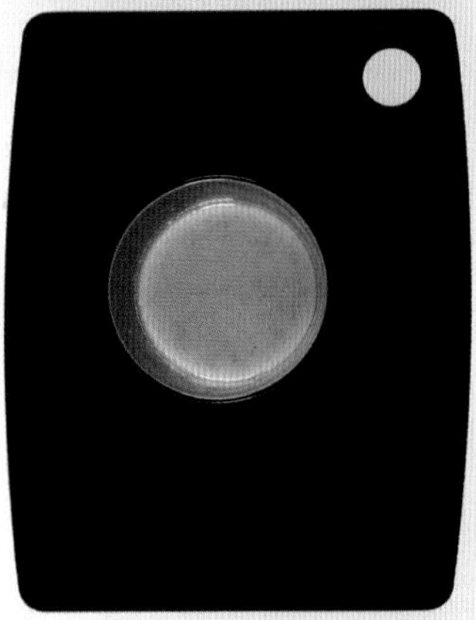

Method

1 양파는 가늘게 채 썰어서 수분이 없어질 때까지 소스팬에서 볶아준다.

2 양파 숨이 다 죽으면 석류식초 300ml을 넣고 1/2로 졸여준다.

3 양파가 졸여지면 급냉으로 식혀준다.

4 믹서기에 졸인 양파를 넣고 석류식초 200ml과 신탄검(Xanthan gum) 샐러드 오일 100ml를 넣은 후 갈아준다.

5 소금, 후추로 간을 해준다.

Cooking Process Tip

• 믹서기로 갈 때는 홍초식초와 샐러드 오일을 조금씩 번갈아가며 넣어주면서 농도를 조절하도록 한다.

51

TEXTURAS
THICKENERS
Xantana
XANTHAN GUM POWDER

Balsamic Vinaigrette

발사믹 비네그레트

Ingredients

발사믹식초 350ml
사과 1ea
양파 120g
샐러드 오일 1L
소금 4g
후추 5g
산탄검 3g (선택사항)

epicurean

epicurean

1 2

3 4

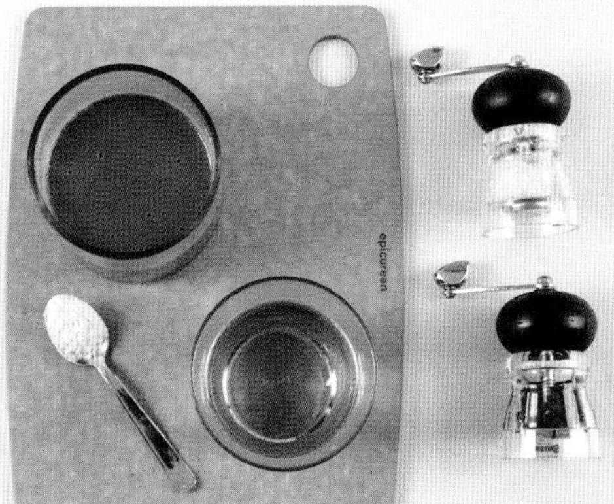
epicurean

Method

1 사과, 양파는 스몰다이스로 잘라준다.

2 핸드믹서로 사과, 양파, 발사믹식초를 넣고 곱게 갈아준다.

3 2에 샐러드오일과 산탄검을 넣고 소금, 후추로 간을 한 후 다시 믹서로 갈아준다.

4 소스볼에 담아준다.

Cooking Process Tip

- 산탄검(Xanthan gum)은 농후제의 일종으로 오일과 식초를 섞이게 하는 계면활성제의 역할을 한다.
- 산탄검이 들어감으로써 식초와 오일이 분리되지 않고 계속 섞여있게 되는 것이다.
- 시판되는 소스들에는 거의 다 산탄검이 들어있다.

SWISSMAR

Rocket Pesto

로켓 페스토

Ingredients

로켓 500g
잣 30g
파마산 치즈 20g
올리브 오일 700ml
마늘 3알
소금, 후추 to taste

Chef's Tips

• 보통은 바질로 만든 바질 페스토가 유명하다. 만드는 방법은 로켓 페스토의 레시피와 동일하다.

52

1 2

3

Method

1 로켓은 깨끗이 씻어서 짧게 정선해 놓고 파마산치즈는 그레이터로 갈아놓는다.

2 절구에 마늘, 잣, 올리브 오일을 넣고 빻아주고 소금, 후추로 간을 해준다.

3 소스볼에 담아준다.

Cooking Process Tip

- 로켓처럼 녹색이 진한 채소들은 믹서기로 너무 오래 갈면 변색되기 때문에 가능한 빠른 시간에 갈아야 한다.
- 예전 레시피들은 채소와 오일을 번갈아가며 넣게 되어 있는데 이렇게 하다보면 믹서기의 날이 과도하게 많이 채소와 닿게 되고 이로 인해 색이 금방 변하는 단점이 있었다.
- 채소를 뺀 나머지 재료들로 베이스를 만들어 사용하면 시간도 단축될 뿐 아니라 색도 오랫동안 선명하게 유지할 수 있으므로 일석이조의 효과가 있다.

Basil Oil
바질 오일

Ingredients

바질 100g

올리브 오일 500ml

1 2

3

4

5

Method

1 바질은 끓는 물에 데쳐준다.

2 데친 바질은 얼음물에 식혀준다

3 데친 바질은 물기를 제거하고 올리브 오일과 같이 갈아준다.

4 소창에 걸러준다.

5 소스볼에 담아준다.

Cooking Process Tip

- 천천히 바질향을 우려내고 싶을 때는 올리브 오일에 바질을 생으로 넣고 실온에서 3일 정도 보관하면 진한 바질 오일을 얻을 수 있다. 단, 바질이 올리브 오일에 완전히 담겨 있어야 색과 향이 더 진해진다.
- 올리브 오일을 60도로 가열한 후 바질잎을 넣어 바질잎이 튀겨지면 체에 걸러 사용해도 된다.

SAMDUK

Garlic Oil

마늘 오일

Ingredients

마늘 300g	올리브 오일 500ml	타임 10g
로즈마리 10g	건고추 2개	

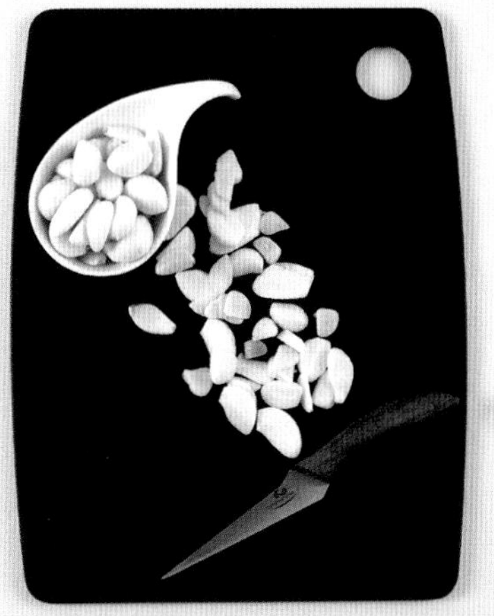

1 2

3 4

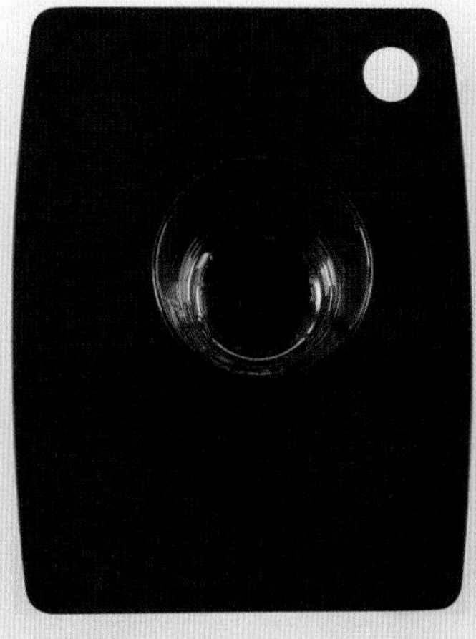

Method

1 마늘은 편으로 썰어준다.

2 냄비에 올리브 오일을 넣고 마늘편과 건고추, 로즈마리, 타임을 넣고 끓여준다.

3 은근하게 끓이다가 마늘이 브라운색이 나면 소창으로 걸러준다.

4 실온에서 식혀주고 유리병에 보관한다.

Cooking Process Tip

• 마늘향을 많이 내고 싶을 때는 마늘칩을 사용하면 더욱 진한 오일을 만들 수 있다.

All About SAUCES

09 CHAPTER

Puree
퓌레

Carrot Puree 당근 퓌레 _ 55
Avocado Puree 아보카도 퓌레 _ 56
Olive Puree 올리브 퓌레 _ 57
Green Pea Puree 완두콩 퓌레 _ 58

55

TEXTURAS
THICKENERS
Xantana
XANTHAN GUM POWDER

Carrot Puree

당근 퓌레

Ingredients

당근 500g
양파 50g
버터 50g
치킨 스톡 400ml
설탕 20g
산탄검 2g (선택사항)
소금, 후추 to taste

1 2

3 4

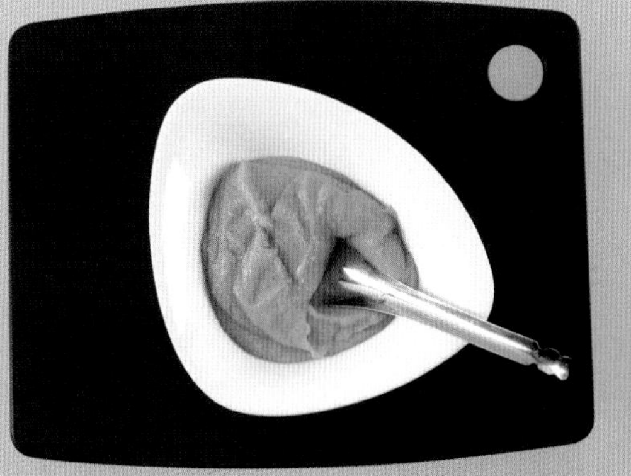

Method

1 당근을 깨끗이 닦아 껍질을 벗기고 작게 잘라놓는다.

2 냄비에 버터, 당근, 소금, 치킨 스톡을 넣고 당근이 익을 때까지 시머링(simmering)*으로 익혀준다.

3 당근이 익으면 물기를 제거한 후 산탄검과 소금, 후추를 집어넣고 믹서로 곱게 갈아준다.

4 고운체로 걸러서 사용한다.

Cooking Process Tip

*simmering — 은근히 끓이기는 낮은 불에서 조심스럽게 끓이는 것을 의미한다. 온도는 85~96도 사이에서 비교적 높은 열을 유지하면서 내용물이 계속적으로 조리되도록 하여야 한다. 은근히 끓이기의 목적은 요리될 재료를 부드럽게 익히기 위함이다.

_ 사진으로 보는 전문조리용어 해설, 백산출판사

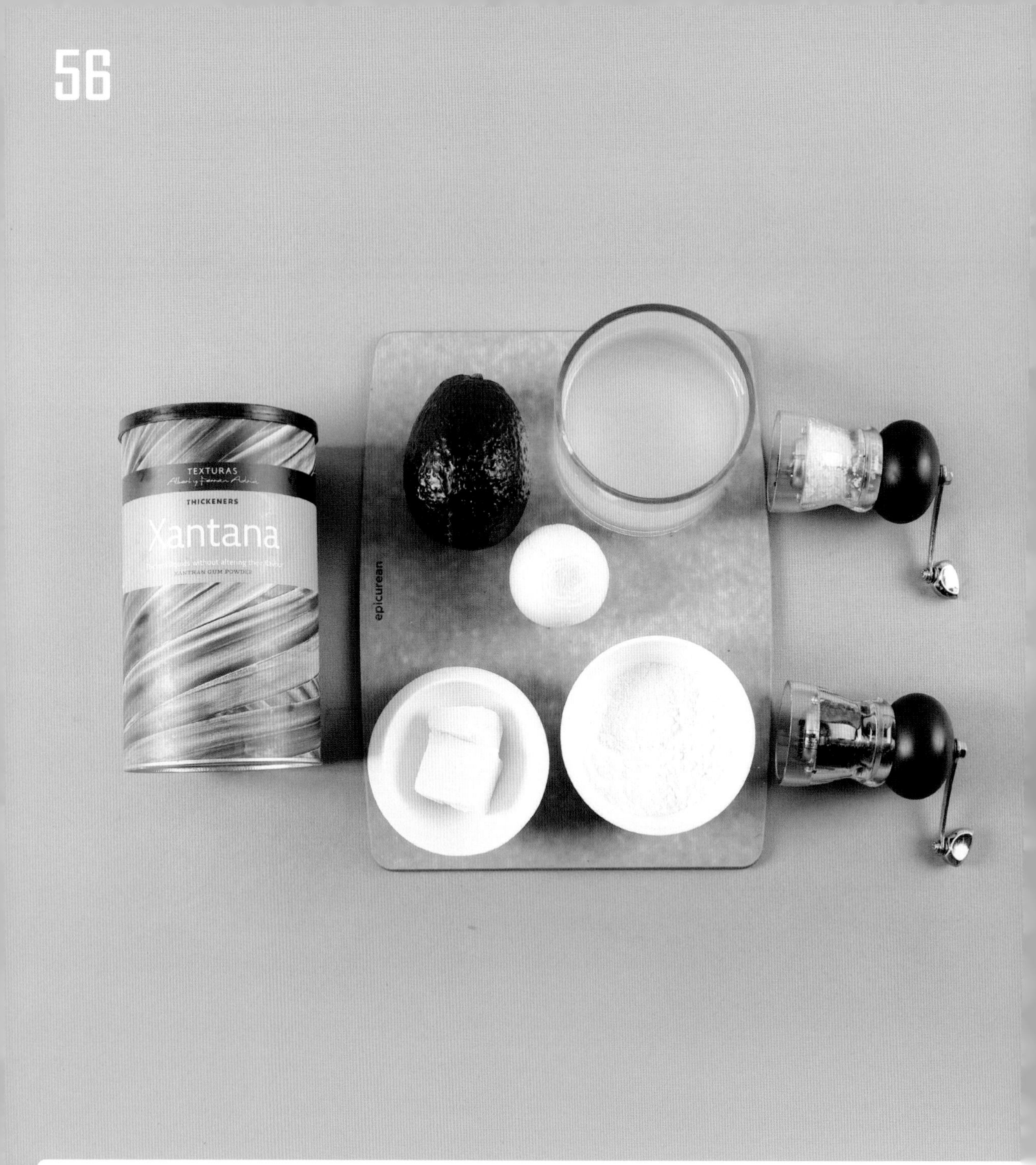
TEXTURAS
THICKENERS
Xantana
XANTHAN GUM POWDER
epicurean

Avocado Puree

아보카도 퓌레

Ingredients

아보카도 1ea
양파 50g
산탄검 2g (선택사항)
한천가루 5g (선택사항)
버터 50g
치킨 스톡 150ml
소금, 후추 to taste

Chef's Tips

• 퓌레 소스는 따뜻할 때 사용해도 좋고 차게 식혀서 사용해도 무방하다.

1

2

3

4

5

6

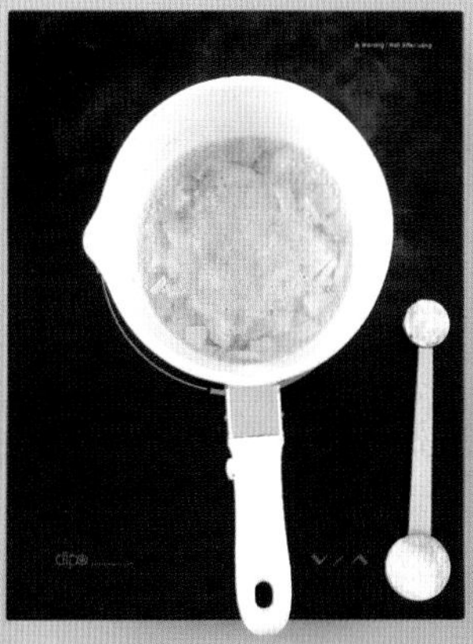

Method

1 아보카도는 껍질을 제거하고 작게 잘라준다.

2 버터를 녹인 후 양파찹을 넣고 볶아준다.

3 아보카도를 넣고 볶아주다가 치킨 스톡을 넣고 뭉근하게 끓여준다.

4 아보카도가 거의 다 익으면 산탄검과 한천가루, 소금, 후추를 넣고 믹서로 갈아준다.

5 고운체로 걸러서 사용한다.

6 소스볼에 담아준다.

Cooking Process Tip

• 고운체로 거르고 나서 급냉을 시켜주고 급냉시킨 퓌레를 다시 믹서로 갈아주면 부드러운 표면의 퓌레를 얻을 수 있다.

epicurean

Olive Puree

올리브 퓌레

Ingredients

블랙올리브 100g
올리브 오일 20ml
파슬리 10g
마늘 1개
앤초비 10g
다진 양파 20g
그린올리브 100g
칼라마따 올리브 50g

57

1

2

3

Method

1 올리브, 파슬리, 앤초비, 마늘, 양파, 올리브 오일을 섞어 준다.

2 핸드믹서로 갈아준다.

3 소스볼에 담아준다.

TEXTURAS
THICKENERS
Xantana

Green Pea Puree

완두콩 퓌레

Ingredients

완두콩 100g
양파 30g
생크림 200ml (선택사항)
버터 15g
치킨 스톡 150ml
산탄검 3g (선택사항)
소금 to taste

1 2

3 4

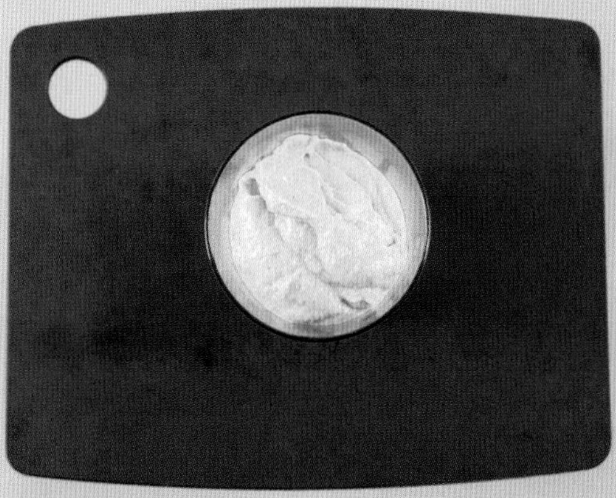

Method

1 버터를 두른 팬에 양파찹을 볶아준다.

2 양파가 볶아지면 완두콩을 넣고 볶아주고 치킨 스톡과 생크림을 넣고 끓여준다.

3 소금간을 한 후 믹서에 갈아주고 고운체로 걸러준다.

4 소스볼에 담아준다.

[redacted]

All About SAUCES

10 CHAPTER

Pasta Sauces
파스타 소스

Tomato Sauce 토마토 소스 _ 59
Boloneise Sauce 볼로네이즈 소스 _ 60
Carbonara Sauce 카르보나라 소스 _ 61
Amatriciana Sauce 아마트리치아나 소스 _ 62
Putanesca Sauce 푸타네스카 소스 _ 63

Tomato Sauce

토마토 소스

Ingredients

토마토홀 1kg	마늘 30g	바질 20g	월계수잎 1장
토마토 쿨리 200g	셀러리 20g	올리브 오일 100ml	소금, 후추 to taste
양파 300g	당근 50g	설탕 30g	

Chef's Tips

- 신맛을 없애기 위해선 약한 불에서 오랫동안 끓여내야 한다.
- 그래도 신맛이 많이 날 경우에는 설탕을 좀 더 첨가하도록 한다.

1

2

3

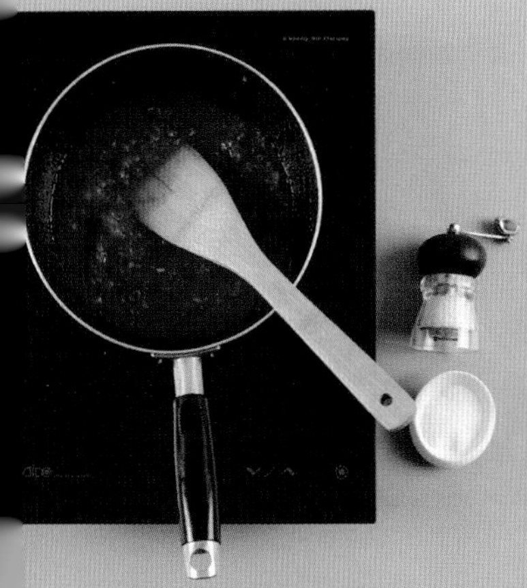

4

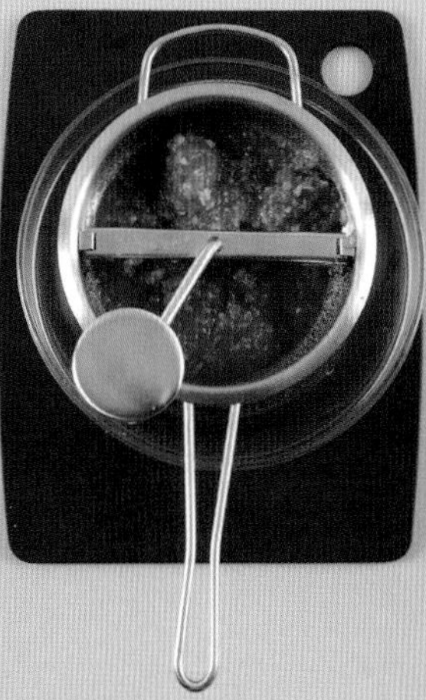

5

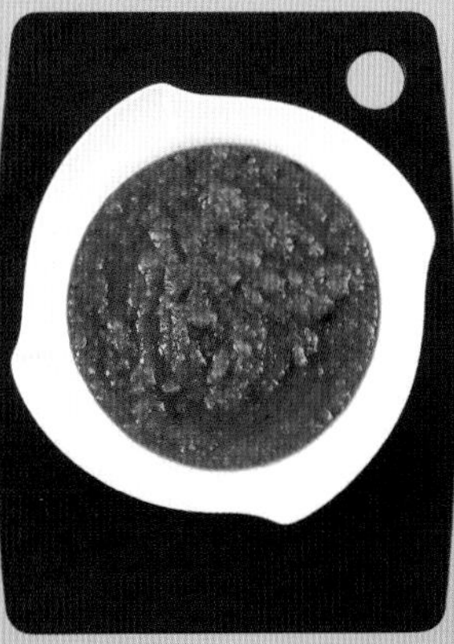

Method

1 올리브 오일에 마늘을 넣고 볶다가 양파찹이 투명해질 때까지 볶는다.

2 당근, 셀러리를 넣고 충분히 볶다가 토마토홀과 쿨리를 넣고 끓인다. 이때 바질도 같이 넣어준다.

3 끓으면 simmering으로 2시간 가량 졸인 후 소금, 설탕, 후추로 간을 한다.

4 푸드밀로 거칠게 갈아준다.

5 소스볼에 담아준다.

epicurean

Boloneise Sauce(Meat Sauce)

볼로네이즈 소스

Ingredients

소민찌 100g
양파찹 100g
마늘 10g
셀러리 50g
토마토홀 300g
토마토 쿨리 100g
올리브 오일 10ml
당근 50g
레드와인 30ml
화이트와인 10ml
타바스코 소스 5ml
오레가노 5g
월계수잎 1ea
소금, 후추 to taste

1 2

3 4 5

Method

1 올리브 오일을 두른 팬에 야채를 넣고 볶다가 화이트와인을 넣어주고 와인이 졸여질 때까지 볶아준다.

2 1에 소민찌와 마늘을 넣고 같이 볶아주다가 레드와인을 넣어가며 졸여준다.

3 토마토홀과 쿨리를 거칠게 갈아서 섞어준다.

4 30분 정도 시머링해주다가 소금, 후추, 오레가노, 타바스코를 넣고 간을 해준다.

5 소스볼에 담아준다.

Cooking Process Tip

- 소민찌를 볶을 때 잘 풀어서 뭉치지 않게 한다.
- 와인을 충분히 졸이고 가능하면 고기와 야채를 따로 볶아 고기기름을 제거한 후 섞는다.

Carbonara Sauce

카르보나라 소스

Ingredients

양파찹 100g
양송이 50g
생크림 500ml (선택사항)
달걀 노른자 1개
베이컨 50g
파마산 치즈 20g
버터 50g
파슬리찹 5g
블랙페퍼 2g
소금 to taste

Chef's Tips

- 카르보나라(carbonara)는 "숯(charcoal)"을 의미하는 이탈리아어 "카르보네(carbone)"에 어원을 두고 있다.
- 검정후추가 숯을 형상화한다.
- 이탈리아 사람들은 생크림을 넣지 않거나 1T 정도 마무리 때 넣어준다.

1 2

3 4 5

Method

1 버터를 녹이고 양파를 볶다가 양송이를 넣고 볶아준다.
2 베이컨은 따로 볶아서 기름을 제거해준다.
3 모두 섞어주고 생크림을 넣고 뭉근하게 끓여준다.
4 생크림을 1/2로 졸여주고 다 졸여지면 불을 끈 후 달걀 노른자와 파마산 치즈, 파슬리찹, 소금, 후추를 넣고 잘 섞어준다.
5 소스볼에 담아준다.

62

Amatriciana Sauce

아마트리치아나 소스

Ingredients

- 베이컨 120g
- 양파 100g
- 토마토홀 600g
- 화이트와인 50ml
- 파슬리찹 10g
- 파마산 치즈 50g
- 마늘 20g
- 페페로치니 2개

Chef's Tips

- "아마트리니치아나"는 로마 근교의 도시 이름이다.
- 아마트리치아나 소스는 라치오(Lazio) 주에 있는 아마트리체(Amatrice)라는 지역의 전통 음식으로 구안치알레(guanciale, 돼지의 목과 볼 또는 목과 턱으로 만든 이탈리아 특산 베이컨)와 토마토, 매운 고추를 넣고 함께 조리한 소스이다. 현대에 와서는 베이컨이 듬뿍 들어간 매콤한 토마토 소스를 말한다.

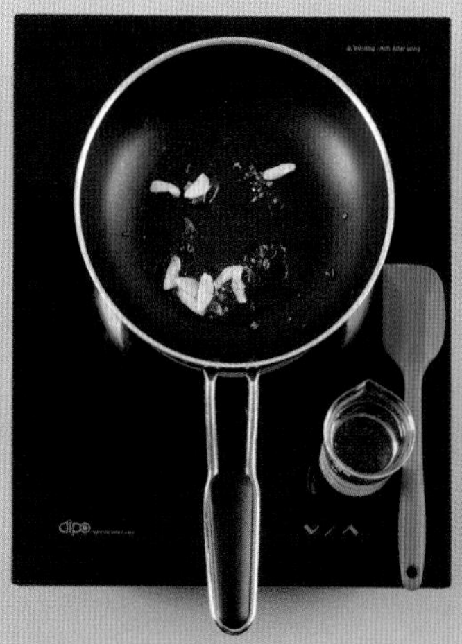

1 2

3 4

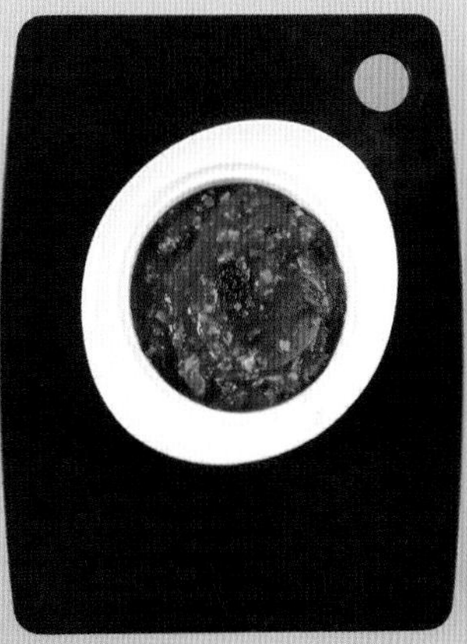

Method

1 팬에 올리브 오일을 두르고 마늘편과 페페로치니를 같이 볶아준다.

2 양파는 얇게 썰어서 투명해질 때까지 볶아주고 숨이 죽으면 베이컨을 넣고 같이 볶아주다가 화이트와인으로 플람베 해 준다.

3 토마토홀을 넣고 으깬 후 수분이 날아갈 때까지 뭉근하게 끓여주고 소금, 후추로 간을 해준다.

4 소스볼에 담아준다.

Putanesca Sauce

푸타네스카 소스

Ingredients

마늘 2개
적양파 80g
케이퍼 10g
앤초비 15g
페페로치니 5g
올리브 15g
토마토 100g
토마토 소스 500ml
소금 5g
후추 2g

Chef's Tips

- 스파게티 알라 푸타네스카(Spaghetti alla Puttanesca)는 "매춘부의 스파게티"라는 묘한 이름을 가진 요리이다. 이런 별스런 이름으로 불리게 된 것은 푸타네스카 소스가 여러 가지 다양한 맛의 재료를 섞어서 만든 잡탕 소스이기 때문이다. 그것도 강한 맛을 지닌 안초비, 올리브, 케이퍼, 토마토 재료를 이용해 만들기 때문이다.

1 2

3 4 5

Method

1 팬에 올리브 오일을 두르고 앤초비찹, 케이퍼찹, 페페로치니찹, 마늘찹, 올리브찹, 적양파찹을 넣고 볶아준다.
2 토마토는 콩까세한 후 같이 볶아준다.
3 2에 토마토소스를 넣고 뭉근하게 끓여준다.
4 소금, 후추로 간을 해준다.
5 소스볼에 담아준다.

All About SAUCES

11 CHAPTER

Condiments
곁들임 소스

Onion Relish 양파 렐리시 _ 64
Tomato Salsa 토마토 살사 _ 65
Apple Chutney 사과 처트니 _ 66
Tepanade 테파나드 _ 67
Jinseng Balsamic 인삼 발사믹 _ 68

SWISSMAR
SWISSMAR

Onion Relish

양파 렐리시

Ingredients

양파 300g
레드와인 100ml
마늘 10g
베이컨 40g
셰리식초 20ml
올리브 오일 30ml
버터 60g
파슬리 5g
타임 2줄기
소금, 후추 to taste

Chef's Tips

- 렐리시란 과일, 채소를 후레쉬하게 chop해서 사용하거나 걸쭉하게 끓인 뒤 차게 식혀 고기, 치즈, 핫도그 등에 얹어 먹는 소스이다.

1 2

3 4

epicurean

Method

1 달궈진 팬에 올리브 오일과 베이컨을 볶다가 셰리식초를 넣고 플람베해서 잡내를 날려준다.

2 다른 팬에 버터를 두르고 얇게 자른 양파를 넣고 갈색이 나도록 볶다가 캐러멜처럼 되면 레드와인을 붓고 타임, 파슬리를 넣은 다음 졸인다.

3 다 졸여지면 소금, 후추로 간을 해주고 볶아놓은 베이컨을 섞은 다음 마무리한다.

65

epicurean
SWISSMAR

Tomato Salsa

토마토 살사

Ingredients

토마토 300g	파인애플 50g	설탕 20g	레몬 1개	붉은 파프리카 10g
적양파 80g	고수 10g	화이트 발사믹식초 50ml	할라피뇨 20g	소금, 후추 to taste

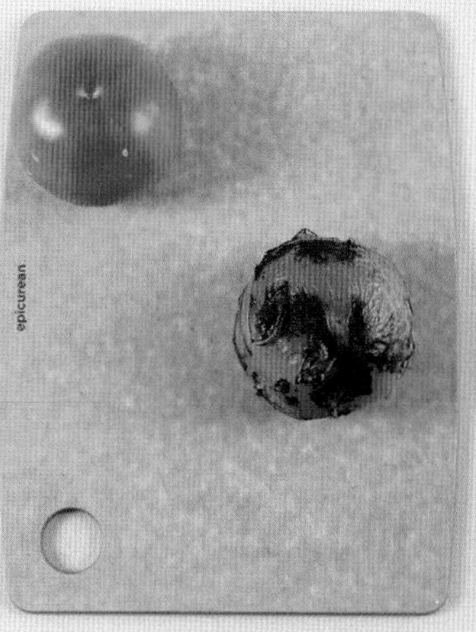

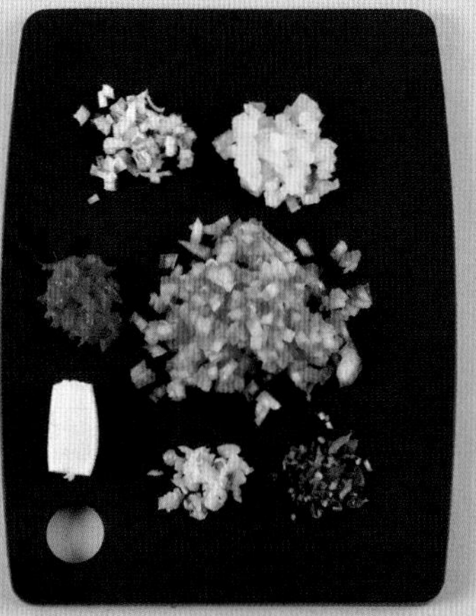

1 2

3

4

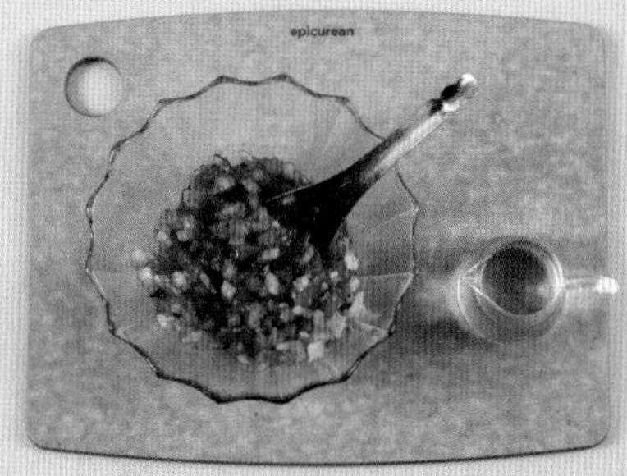

5

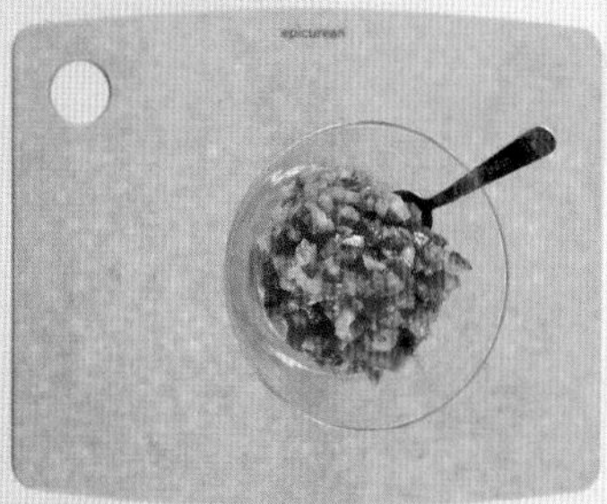

Method

1 토마토는 껍질을 태워서 벗겨준다.

2 적양파, 붉은 파프리카, 토마토, 고수, 할라피뇨, 파인애플은 스몰다이스로 정선한다.

3 믹싱볼에 재료를 담아주고 화이트 발사믹식초와 설탕, 소금, 후추를 넣고 섞어준다.

4 소스볼에 담아준다.

Cooking Process Tip

• 냉장고에서 12시간 숙성시킨 후 사용한다.

epicure

Apple Chutney

사과 처트니

Ingredients

사과 2개

홍초식초 350ml

Chef's Tips

- 처트니는 익히거나 절인 채소와 사과, 키위, 오렌지 등의 과일, 양파, 버섯, 설탕, 건포도, 향신료(칠리, 통후추, 계피 등)을 섞어 끓여서 잼처럼 만든 양념이다.

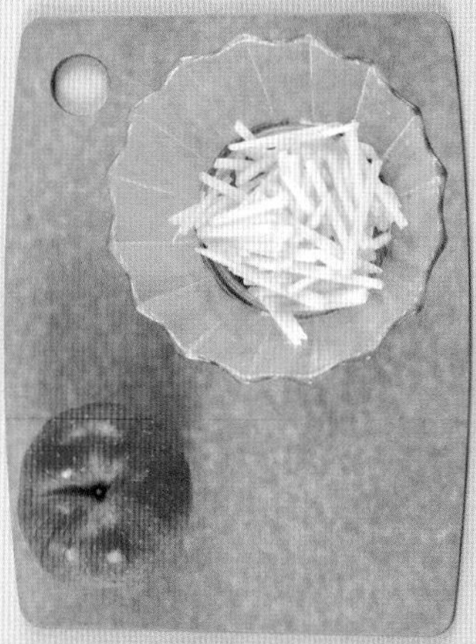

1

2

3

4

5

Method

1 사과는 껍질을 벗긴 후 0.3mm 두께로 잘라서 줄리엔으로 준비한다.

2 팬에 홍초식초를 넣고 1/2로 다운시킨다.

3 홍초식초가 다운되면 사과를 넣고 약한 불에서 은근하게 졸여준다.

4 농도가 캐러멜처럼 나오면 불에서 내리고 바로 냉각시킨다.

Cooking Process Tip

• 사과를 졸일 때 너무 저으면 사과가 다 깨지게 되므로 심하게 젓지 않도록 한다.

epicurean

Tepanade
테파나드

Ingredients

칼라마따 올리브 200g
마늘 40g
앤초비 20g
케이퍼 20g
올리브 오일 30ml
소금, 후추 to taste

Chef's Tips

• 주로 생선과 파스타 요리에 사용한다.

67

1

2

3

Method

1 절구에 마늘과 앤초비, 케이퍼를 넣고 빻아준다.

2 올리브 오일을 넣어가며 빻아주다가 소금, 후추를 넣고 마무리한다.

Ofitalia
gourmet
ACETO
BALSAMICO
di MODENA
Indicazione Geografica Protetta
Balsamic Vinegar of Modena

Jinseng Balsamic

인삼 발사믹

Ingredients

인삼 80g
발사믹식초 300ml

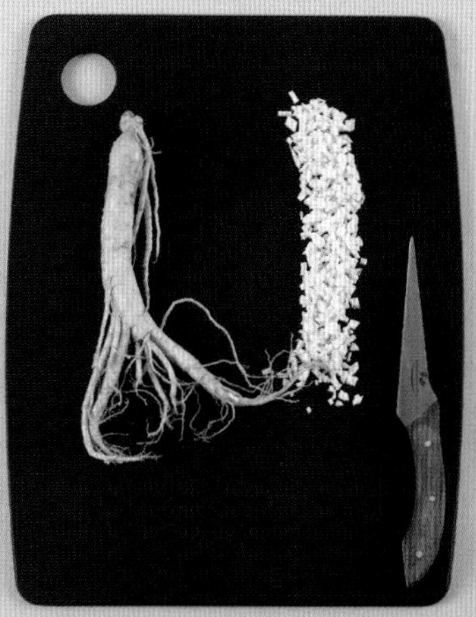

1

2

3

4

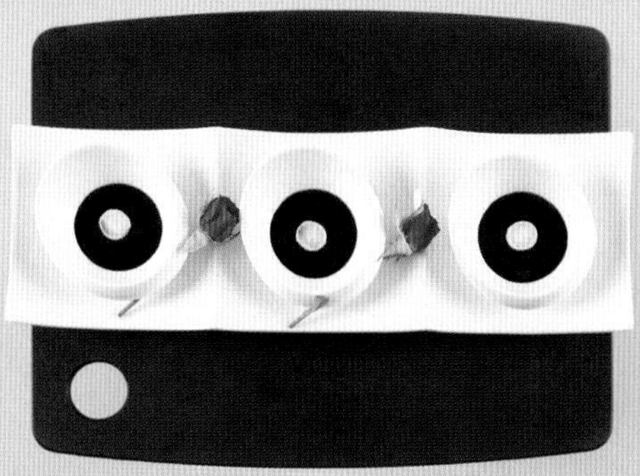

Method

1 인삼은 깨끗이 씻어서 작게 잘라놓는다.

2 발사믹식초를 냄비에 옮기고 인삼을 넣고 약한 불에서 졸여준다.

3 인삼은 고운체로 걸러주고 발사믹은 차게 식혀준다.

4 소스볼에 담아준다.

Cooking Process Tip

- 전체 양의 절반까지 졸이도록 하고 농도에 유의해서 만들어준다.
- 실온에서 굳지 않는 농도가 나와야 한다.

All About SAUCES

12
CHAPTER

Dessert Sauces
디저트 소스

Anglaise Sauce 앙글레즈 소스 _ 69
Sabayon Sauce 사바용 소스 _ 70
Vanilla Sauce 바닐라 소스 _ 71
Melba Sauce 멜바 소스 _ 72
Orange Sauce 오렌지 소스 _ 73

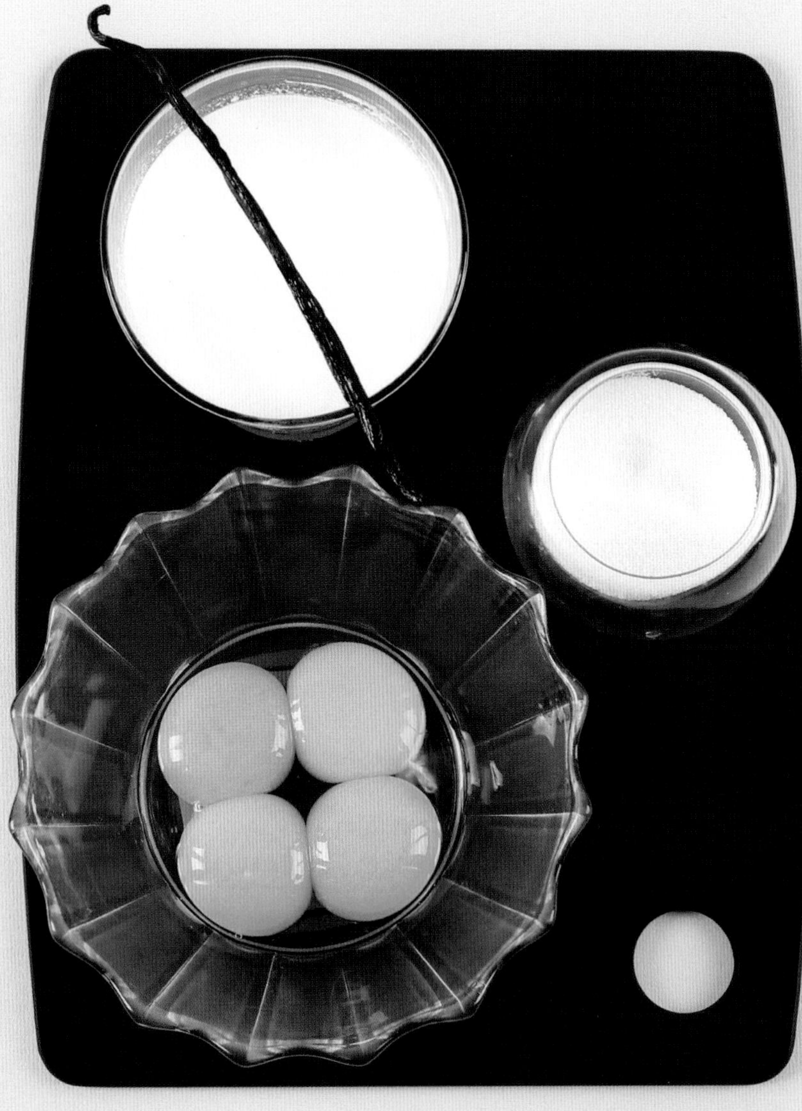

Anglaise Sauce

앙글레즈 소스

Ingredients

우유 250ml
난황 2개
설탕 100g
바닐라빈 1/2개

Chef's Tips

- 불의 온도가 높으면 달걀 노른자가 전부 익어 거칠어질 수가 있으니 이럴 때는 소창으로 걸러서 사용하면 된다.

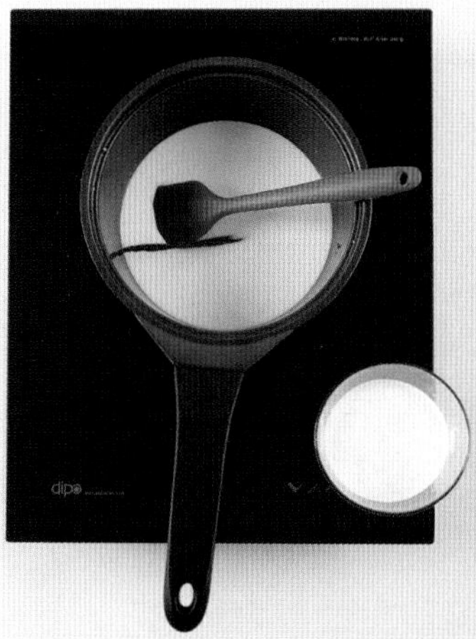
dipo

1 2

3 4

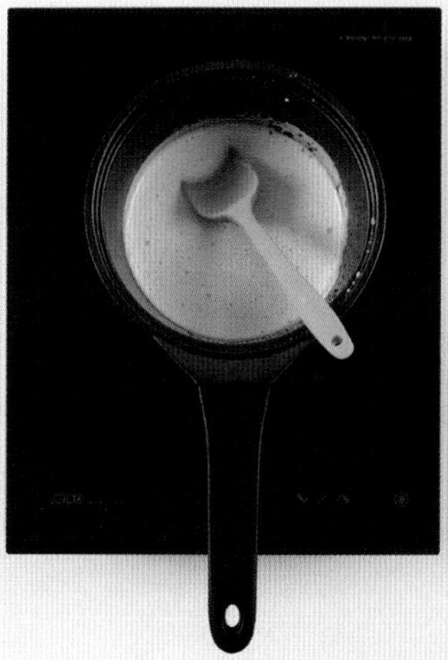

Method

1 바닐라빈을 우유에 넣고 10분 정도 끓여준다.

2 달걀 노른자, 설탕을 스테인리스볼에 넣고 거품기로 잘 저어 혼합한다.

3 우유에 **2**의 재료를 섞고 불에 올려 은근히 가열한다(50~60도 정도).

4 농도가 되직해지면 마무리한다.

Sabayon Sauce
사바용 소스

Ingredients

설탕 125g
난황 4개
화이트와인 200ml
레몬 1/2개 (선택사항)
오렌지 1/2개 (선택사항)
바닐라에센스 1g (선택사항)

1 2

3

Method

1 스테인리스볼에 모든 재료를 넣고 중탕시킨 다음 달걀이 익기 직전에 중탕기에서 내린다.

2 레몬즙, 오렌지즙을 섞고 바닐라에센스를 넣어준다.

Vanilla Sauce

바닐라 소스

Ingredients

물 1L	버터 150g	전분 45g
설탕 450g	바닐라 15ml	난황 2개

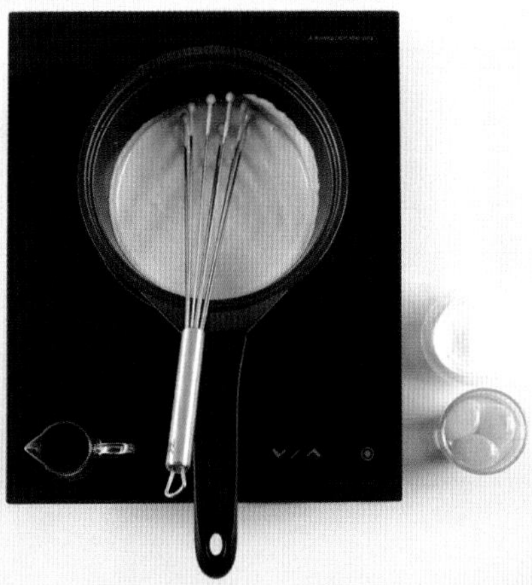

1 2

3

Method

1 설탕 250g과 전분을 냄비에 담아 고르게 혼합하여 끓는 물에 넣고 10분 정도 끓여준다.

2 난황과 200g의 설탕을 섞어 **1**의 소스에 첨가하고 다 끓인 후 버터와 바닐라를 넣고 젓는다.

3 농도를 보면서 물로 조절해준다.

Melba Sauce

멜바 소스

Ingredients

산딸기 120g　물 50ml　설탕 60g　전분 10g

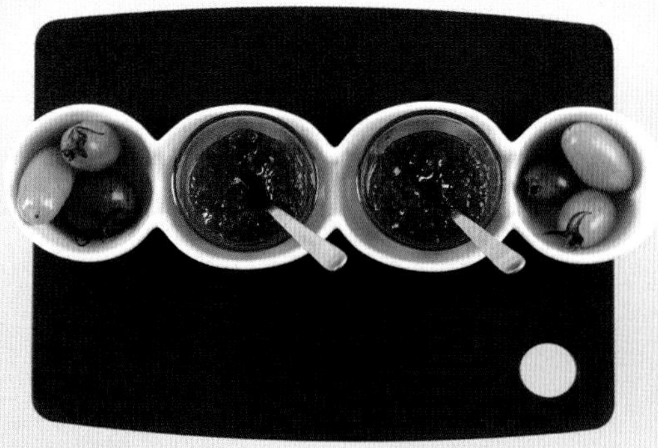

1 2

3

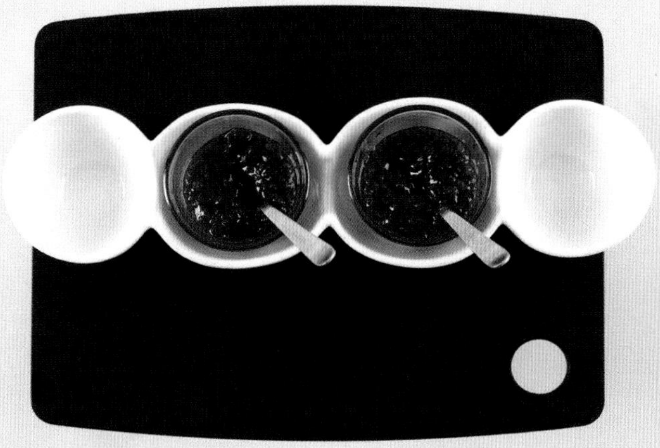

Method

1 산딸기와 설탕을 냄비에 넣고 물 120ml를 넣고 끓인다.

2 다시 물을 120ml 첨가하고 전분을 물에 풀어서 냄비에 천천히 부어주면서 빨리 저어준다.

3 농도가 되직해지면 체에 걸러서 사용한다.

Orange Sauce

오렌지 소스

Ingredients

버찌술(Kirsch) 5ml (선택사항)
전분 10g
설탕 50g
오렌지 2 1/2ea
레몬 1ea
오렌지 zest 1g
레몬 zest 1g

Chef's Tips

- 주로 크레페 소스로 사용된다.
- 오렌지 주스를 사용하면 빨리 만들 수 있다.

1 2

3

Method

1 레몬과 오렌지 껍질을 채로 썰어서 뜨거운 물에 데쳐주고 냄비에 설탕, 레몬즙, 오렌지즙을 같이 넣고 끓여준다.

2 물에 푼 전분과 버찌술을 넣고 오렌지소스 농도를 맞춰준다.

3 소스볼에 담아준다.

All About SAUCES

13 CHAPTER

Creative Sauces
혁신적인 소스

Form

Milk Form 우유폼 _ 74

Pomegranate Form 석류폼 _ 75

Apple Form 사과폼 _ 76

Espuma

Gorgonzola Espuma 고르곤졸라 에스푸마 _ 77

Bacon Espuma 베이컨 에스푸마 _ 78

Basil Espuma 바질 에스푸마 _ 79

Vongole Espuma 봉골레 에스푸마 _ 80

TEXTURAS
EMULSIFICACIÓN
Lecite

Milk Form

우유폼

Ingredients

우유 500ml

레시틴 5g

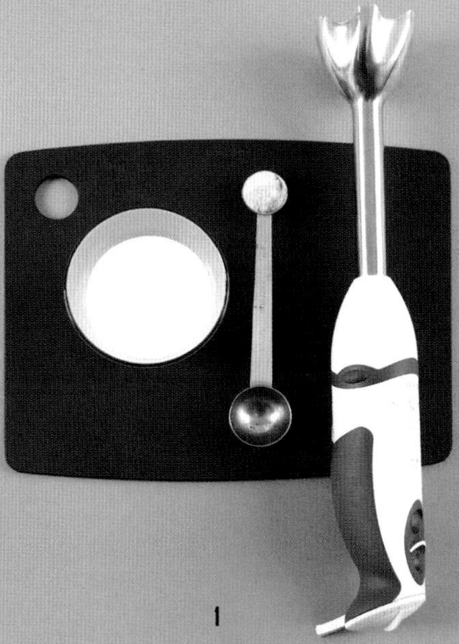

1

2

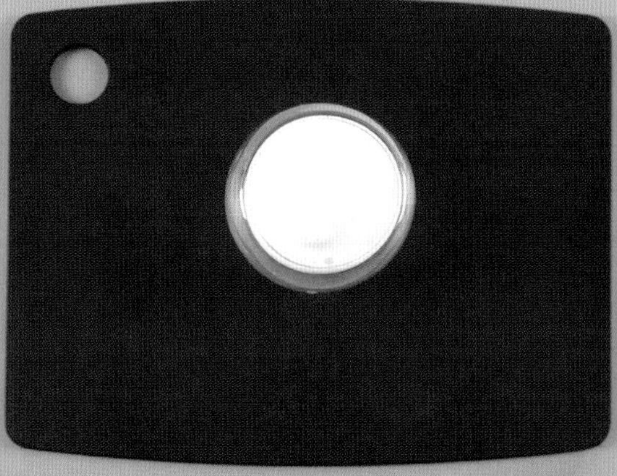

Method

1 우유는 중탕으로 40도까지 데운다.

2 레시틴을 넣고 핸드믹서로 갈아준다.

Cooking Process Tip

• 핸드믹서는 우유에 완전히 담구지 말고 반만 담궈서 믹싱해야 공기가 들어가면서 폼형성이 잘 이루어진다.

TEXTURAS
EMULSIFICACIÓN
Lecite

Pomegranate Form

석류폼

Ingredients

홍초식초 500ml	레시틴 5g	레몬 1/2개	소금 to taste

Method

1 홍초식초에 레몬즙과 소금, 레시틴을 넣고 핸드믹서로 믹싱해준다.

2 맨 위에 있는 폼만 걷어서 사용한다.

Cooking Process Tip

• 핸드믹서는 식초에 완전히 담구지 말고 반만 담궈서 믹싱해야 공기가 들어가면서 폼형성이 잘 이루어진다.

TEXTURAS
EMULSIFICACIÓN
Lecite

Apple Form

사과폼

Ingredients

사과시럽 500ml

레시틴 5g

레몬 1/2개 (선택사항)

소금 to taste

Method

1 사과시럽에 소금, 레시틴을 넣고 핸드믹서로 믹싱해준다. **2** 맨 위에 있는 폼만 걷어서 사용한다.

Cooking Process Tip

• 핸드믹서는 사과주스에 완전히 담구지 말고 반만 담궈서 믹싱해야 공기가 들어가면서 폼 형성이 잘 이루어진다.

TEXTURAS
THICKENERS
Xantana
XANTHAN GUM POWDER

Gorgonzola Espuma

고르곤졸라 에스푸마

Ingredients

고르곤졸라 치즈 50g	버터 10g	산탄검 2g
생크림 300g	양파찹 50g	

1 2

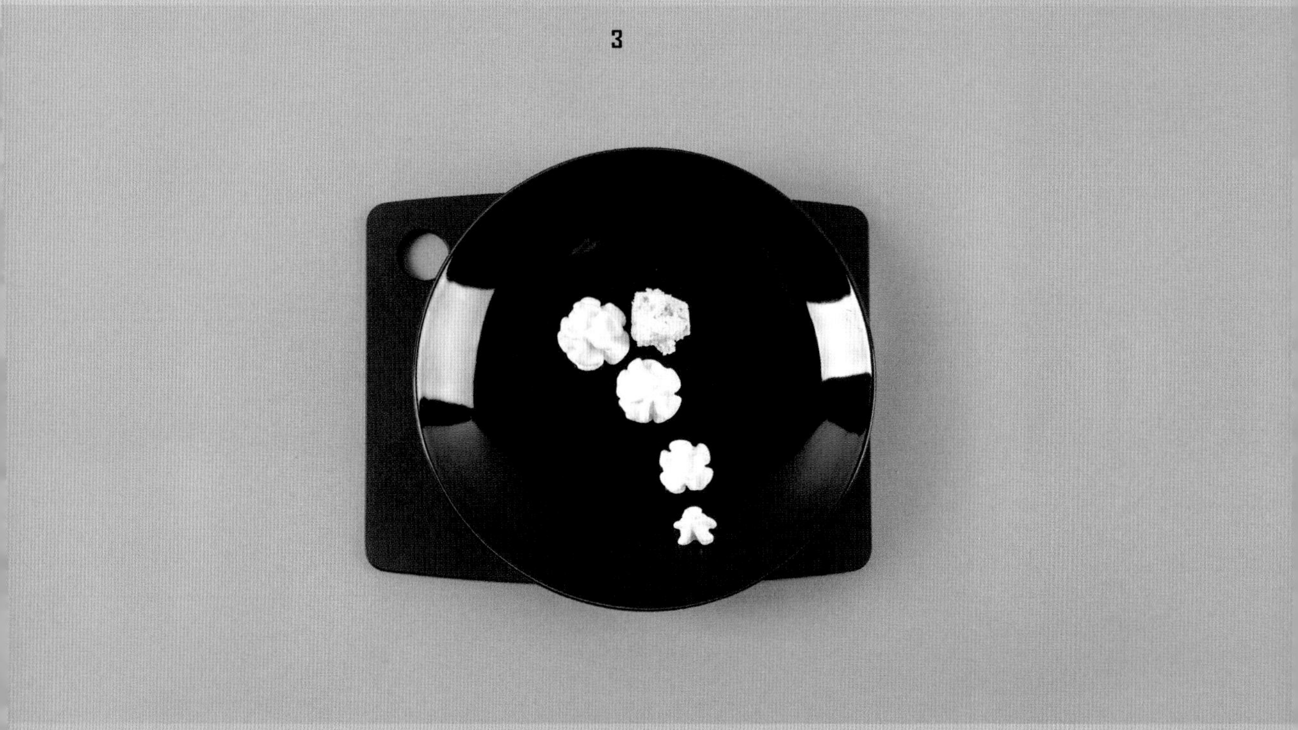

3

Method

1 버터에 양파찹을 노릇하게 볶아준다.
2 생크림을 넣고 고르곤졸라 치즈가 녹을 때까지 끓여준 후 산탄검을 넣고 불에서 내린다.
3 블렌더로 갈아주고 고운체로 걸러준다.
4 사이펀에 반만 채워주고 질소가스를 충전한 후 냉장에서 2시간 이상 냉각시킨 후에 사용한다.

TEXTURAS
THICKENERS
Xantana
XANTHAN GUM POWDER

Bacon Espuma

베이컨 에스푸마

Ingredients

베이컨 50g
생크림 300g
버터 10g
양파찹 50g
산탄검 2g

1

2

3

Method

1 버터에 양파찹을 노릇하게 볶아준다.

2 베이컨을 넣고 베이컨 기름이 빠질 때까지 볶아준 다음 생크림을 넣고 끓인 후 블렌더로 갈아준다.

3 사이펀에 반만 채워주고 질소가스를 충전한 후 냉장에서 2시간 이상 냉각시킨 후에 사용한다.

TEXTURAS
THICKENERS
Xantana
XANTHAN GUM POWDER

Basil Espuma

바질 에스푸마

Ingredients

바질 50g
생크림 300ml
버터 10g
양파찹 50g
산탄검 2g

79

1

2

Method

1 버터에 양파찹을 노릇하게 볶아준다.

2 생크림을 넣고 끓이다가 바질을 넣고 불에서 내린다.

3 블렌더로 갈아주고 고운체로 걸러준다.

4 사이펀에 반만 채워주고 질소가스를 충전한 후 냉장에서 2시간 이상 냉각시킨 후에 사용한다.

TEXTURAS
THICKENERS
Xantana
XANTHAN GUM POWDER

Vongole Espuma

봉골레 에스푸마

Ingredients

삶은 모시조개 200g
모시 스톡 300ml
마늘찹 5g
올리브 오일 20ml
화이트와인 10ml
양파찹 10g
바질 20g
산탄검 5g
페페로치니 1개
소금 to taste
후추 to taste

1 2

3 4

Method

1 올리브 오일에 마늘과 양파, 페페로치니를 볶다가 모시를 넣고 화이트와인으로 플람베 해준다.

2 체에 걸러준다.

3 모시 스톡에 바질과 산탄검, 소금, 후추를 넣어준다.

4 블렌더로 갈아주고 고운체로 걸러준다.

5 사이펀에 반만 채워주고 질소가스를 충전한 후 냉장에서 2시간 이상 냉각시킨 후에 사용한다.

REFERENCE

워커힐 조리팀. 2002. 조리직무교재. 워커힐

이종필 · 김동석 · 최수근 · 윤광섭 · 정명훈. 2011. 건조방법에 따른 브라운 소스의 품질 특성. 한국식품조리과학회

이종필. 2011. 브라운 소스의 제조 최적화 조건 및 가공소스 품질 특성. 경희대학교 일반대학원. 박사학위논문

이종필 · 김동석 · 최수근 · 윤광섭 · 정명훈. 2011. 건조방법에 따른 브라운 소스의 품질 특성. 한국식품조리과학회

이종필 · 전혜영 · 조성현. 2014. 양식조리기능사. 드림포트

임성빈. 2008. 맛있는 프랑스 요리. 도서출판 굿러닝

최낙언 · 노중섭. 2013. 감칠맛과 MSG이야기. 리북

최낙언의 자료보관소. http://www.seehint.com/word.asp?no=13013

최수근. 2012. 소스 수첩. 우듬지

최수근 · 성태종. 2013. 소스 스쿨. 하서

최수근 · 이종필. 2012. 젤라틴 첨가 브라운 소스의 관능적 특성 최적화. 한국식품과학회

최수근 · 조우현 · 김동석. 2012. The Sauce. 백산출판사

최승주 · 박찬일. 2008. 이탈리아요리. 리스컴

Guy Martin. 2009. Les Sauces indispensables. Minerva

James Peterson. 2008. SAUCES. John Wiley & Sons, Inc.

Merci à Sonia etc. 2010. Les Basiques Sauces. Marabout

Sophie Dudemaine. 2012. Les Sauces de Sophie. De La Martiniè

Thomas Feller. 2012. Sauces. Hachette

Author Introduction

이종필_ 부천대학교 호텔외식조리과 교수

조성현_ 세종대학교 조리외식경영학 박사

이지웅_ 경기대학교 외식경영학 석사

Professional Photographer

강경원_ 요리전문사진작가
010-5398-4849

은지혜_ 부천대학교 사진과 졸업
010-9269-2116

All About SAUCES

2015년 3월 7일 초판 1쇄 발행
2020년 8월 30일 초판 3쇄 발행

지은이 이종필 · 조성현 · 이지웅
펴낸이 진욱상
펴낸곳 백산출판사
교 정 김호철
본문디자인 편집부
표지디자인 오정은

저자와의 합의하에 인지첩부 생략

등 록 1974년 1월 9일 제406-1974-000001호
주 소 경기도 파주시 회동길 370(백산빌딩 3층)
전 화 02-914-1621(代)
팩 스 031-955-9911
이메일 edit@ibaeksan.kr
홈페이지 www.ibaeksan.kr

ISBN 979-11-5763-005-9 93590
값 26,000원